中国农业科学院年度报告

CAAS ANNUAL REPORT

2018

中国农业科学院国际合作局 编

中国农业科学技术出版社

图书在版编目（CIP）数据
中国农业科学院年度报告. 2018 / 中国农业科学院国际合作局
编. 一北京: 中国农业科学技术出版社, 2019.7
ISBN 978-7-5116-4219-6

Ⅰ. ①中… Ⅱ. ①中… Ⅲ. ①中国农业科学院－研究
报告－2018 Ⅳ. ①S-242
中国版本图书馆CIP数据核字(2019)第104422号

英文版翻译　中国日报社
设　　计　苏靖博
责任编辑　张志花
责任校对　李向荣
出 版 者　中国农业科学技术出版社
　　　　　北京市中关村南大街 12 号　邮编: 100081
电　　话　（010）82106636（编辑室）（010）82109702（发行部）
　　　　　（010）82109709（读者服务部）
传　　真　（010）82106631
网　　址　http://www.castp.cn
经 销 者　各地新华书店
印 刷 者　北京科信印刷有限公司
开　　本　880毫米 ×1230毫米　1/16
印　　张　3.5
字　　数　100千字
版　　次　2019年7月第1版　2019年7月第 1 次印刷
定　　价　68.00 元

《中国农业科学院年度报告2018》
编 委 会

院长致辞

2018年是全面贯彻党的十九大精神开局之年，是改革开放40周年，也是我院深入学习贯彻习近平总书记贺信精神一周年。一年来，我院在农业农村部党组的坚强领导下，农业基础研究取得新进展，战略性重大技术创新取得新突破，农业科技创新取得新成果，人才强院战略扎实推进，乡村振兴和精准脱贫支撑工作取得显著成效，研究生教育和人才培养水平再上新台阶，院所支撑保障和服务能力不断提升，一系列成绩的取得进一步彰显了农业科研国家队的实力。

2018年，全院共新增主持各级各类课题2840项，同比增长27.8%，年度留所总经费增长27.9%。以第一完成单位获得国家科技奖8项，时隔5年再次实现三大奖全覆盖。以第一署名单位在*CNS*等顶级期刊发表论文22篇，处于国内领先地位。46人获得国家级人才称号（荣誉），引进青年英才22名，高层次人才结构进一步优化。重点支撑4个乡村振兴示范县建设、16个产业绿色发展技术集成模式研究与示范、20个标杆创新联盟建设。成功接待英国首相特蕾莎•梅、朝鲜劳动党委员长金正恩等6位外国元首和30多位外国正部级以上官员来访;牵头成立了全国农业科技“走出去”联盟,召开30多个重要国际学术会议，我院国际合作引领作用日趋显著，国际影响力不断提升。

中国农业科学院的发展，离不开社会各界和国际友人的长期支持及帮助，在此，谨向各位致以诚挚的感谢和良好的祝愿。真诚欢迎大家前来交流合作。

农业农村部党组成员
中国农业科学院院长

目 录 CONTENTS

年度重要进展

科技创新引领

重要战略举措

支撑保障能力

附录

年度重要进展

数说2018

科研工作概述

大事记2018

01

数说2018

8项成果获国家奖

重大战略性技术创新成果取得新突破，8项成果喜获国家大奖，时隔五年再实现三大奖全覆盖，彰显农业科技国家队的地位。

10大科技进展

关键科学问题类4项、重大品种与产品类2项、重大关键技术与装备类4项，为培育重大科技成果打下基础。

20余篇高水平学术论文

农业基础研究取得新进展，以第一署名单位在CNS等顶级期刊发表论文20余篇，处于国内领先地位，全院自主创新能力进一步增强，科技整体水平大幅提升。

30多位外国元首和正部级以上官员来访

接待英国首相特蕾莎·梅、朝鲜劳动党委员长金正恩、吉尔吉斯斯坦总统热恩别科夫、马来西亚总理马哈蒂尔、索马里总统穆罕默德、萨尔瓦多总统桑切斯等6位外国元首和30多位外国正部级以上官员来访。

100名左右人才

46人获得国家级人才称号（荣誉），从美国冷泉港、德国马普等机构引进青年英才22名，新遴选30名农科英才领军人才，全院高素质人才数量大幅增加，高层次人才结构进一步优化。

3300名科研人员投身脱贫攻坚

深入现代农业建设主战场，全面推进科技精准脱贫。派出650多个专家团队、3300名科研人员在环京津地区、秦巴山区、武陵山区以及“三区三州”开展科技扶贫，指导产业发展，提供科技服务与示范，为推进地方脱贫攻坚、助力乡村振兴提供强力科技支撑。

科研工作概述

2018年，我院对学科体系进行优化完善和前瞻布局，形成“九大学科集群–57个学科领域–302个重点方向”的三级学科体系新布局，进一步强化学科在科研力量布局调整、科技资源优化配置中的指挥棒作用，强有力支撑世界一流学科和一流科研院所建设。

全院新增主持各级各类课题2840项，比2017年增长27.8%，年度留所总经费8.6亿元，比2017年增长27.9%。其中主持国家重点研发计划项目18项、主持国家自然科学基金项目342项。

科技成果奖励

全院共取得获奖成果89项，以第一完成单位荣获国家科技奖8项，占农业领域授奖总数的23.3%；获省部级科技奖励45项，其中一等奖9项。

高水平论文

发表SCI/EI论文2858篇，同比增长13.5%，以第一署名单位在*Science*、*Nature*、*PANS*、*Cell Research* 等国际高水平期刊发表论文22篇。

成果转化与推广

全院推广应用新品种325个、新产品836个、新技术234项，其中19项技术被农业农村部纳入农业主推技术，占全部主推技术的27%。科技成果推广总面积约3067万公顷，推广畜禽3.6亿头（羽）。

知识产权

全年认定（登记）农作物新品种388个，培育家禽新品种1个，获新兽药、农药、肥料、饲料添加剂新产品证书29项，获发明专利732件，植物新品种保护权99件，国外专利17件，出版科技著作272部。

大事记 2018

1月

中共中央国务院在北京隆重举行国家科学技术奖励大会。我院完成的1项成果荣获国家自然科学二等奖，2项成果荣获国家技术发明二等奖，5项成果荣获国家科学技术进步二等奖。

我院深圳农业基因组研究所在番茄代谢组和品质遗传研究中取得重大突破。相关科研论文发表在《细胞》（*Cell*）上。

我院2018年工作会议在北京召开，总结2017年全院工作，部署2018年重点任务。

3月

我院作物科学研究所与华中农业大学合作，通过定点突变LbCpf1，成功实现了对水稻基因组的多重编辑，拓展了Cpf1在植物基因组中的编辑范围。相关研究成果发表在《分子植物》（*Molecular Plant*）上。

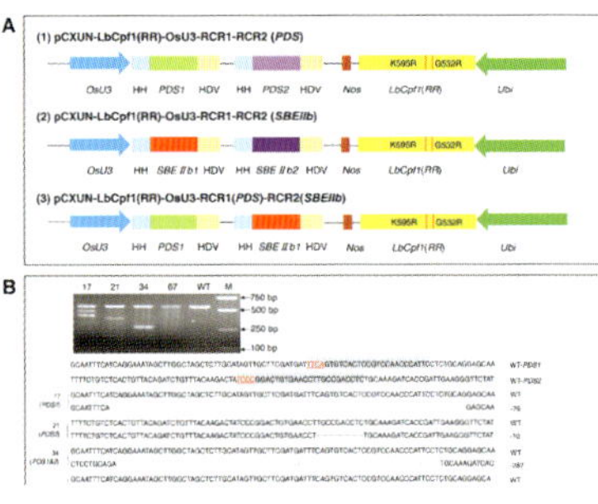

我院海外农业研究中心新一届专家委员会和管理委员会在北京分别召开了专家委员会和管理委员会会议。

5月

我院蔬菜花卉研究所与美国加州大学伯克利分校合作，对植物多倍体进行了系统研究。相关研究成果发表在《自然-植物》（*Nature Plants*）上。

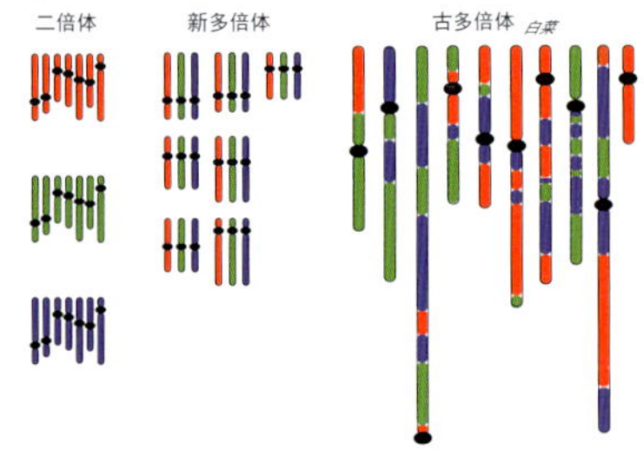

中共中央政治局委员、国务院副总理胡春华到我院调研农业科技工作。

我院农业质量标准与检测技术研究所在国际上首次揭示了介质阻挡放电（DBD）捕获、释放和传输砷元素的原子机理。相关研究成果发表在美国化学协会期刊《分析化学》（*Analytical Chemistry*）上。

2月

英国首相特雷莎•梅参观了我院国家现代农业科技创新园，推动了中英农业科技创新领域合作。农业部部长韩长赋，中国驻英大使刘晓明陪同参观。

世界银行中东北非地区关于改善农业水管理技术知识交流研讨会在我院召开，研讨我院与中东、北非国家在水资源方面的管理合作。

国家小麦改良中心成立20周年学术研讨会暨优质小麦产业发展论坛在我院作物科学研究所举行，我院时任党组书记陈萌山出席会议。

4月

我院副院长万建民应邀率团出访孟加拉国和泰国，深化我院与“一带一路”沿线国家的农业科技合作。

荷兰王国副首相兼农业、自然及食品质量部大臣卡罗拉•斯考腾与荷兰瓦赫宁根大学及研究中心校长阿瑟•摩尔率团到访我院，双方共植一棵象征友谊与合作的常青树。

第一届澳大利亚-中国可持续农业技术论坛在澳大利亚举行。我院副院长梅旭荣率团出席论坛。

2018中国农业展望大会在京开幕。会议发布了《中国农业展望报告（2018—2027）》。

6月

吉尔吉斯斯坦总统热恩别科夫访问我院，双方就加强中吉农业科技合作达成共识。

我院党组成员、研究生院院长刘大群率团访问了新西兰梅西大学、新西兰皇家食品与植物研究所、澳大利亚塔斯马尼亚大学以及澳大利亚自然资源管理组织南部分支。

朝鲜劳动党委员长、国务委员会委员长金正恩参观了我院国家农业科技创新园。

7月

农业农村部党组成员、我院院长唐华俊率团出访塔吉克斯坦、乌兹别克斯坦、哈萨克斯坦，签署系列合作协议，推动我院与中亚国家合作。

由中国工程院主办，我院农业资源与农业区划研究所、国家智慧农业科技创新联盟等联合承办的“2018年中国工程科技论坛——智慧农业论坛”在京召开。

我院与国际热带农业研究中心举办合作研讨会，就在“南南合作”“一带一路”等领域开展农业科技合作进行了交流。

8月

我院副院长吴孔明会见巴拿马农业发展部部长爱德华多•卡尔勒斯一行，就开启农业科技合作交换了意见。

马来西亚总理马哈蒂尔率代表团访问我院，并就加强农业科技合作交流进行了会谈。

我院党组书记张合成会见了来访的塔吉克斯坦议会下院外事委员会主席萨利姆佐达•奥利姆一行。

9月

索马里总统穆罕默德率团参观了我院国家现代农业科技创新园，并就加强农业科技合作与我院进行了深入交流。

我院副院长李金祥率团赴加拿大、美国农业科研教学机构和国际食物政策研究所进行了访问。

我院与农业农村部科技发展中心和中国农学会共同主办首届“中国农业农村科技发展高峰论坛”，首次系统权威发布了《中国农业农村科技发展报告（2012—2017）》。

10月

我院党组书记张合成出席长江经济带高端对话并深入宜宾翠屏区牟坪橘香小镇产业园、川茶集团等地，就乡村振兴战略实施和现代农业产业化发展情况开展调研。

我院饲料研究所研发出一种红色荧光蛋白偶联荧光激活细胞分选仪（FACS）的高通量筛选平台，相关研究成果发表在《生物燃料生物技术》（*Biotechnology for Biofuels*）上。

我院副院长王汉中与加拿大农业与农业食品部助理部长吉尔斯•萨登共同签署了中国-加拿大油菜遗传改良与利用联合实验室（武汉）合作协议。

11月

萨尔瓦多总统桑切斯率代表团访问我院，双方商议将在科学家交流、人才培养和项目合作等方面开展合作。

国际玉米小麦改良中心主任马丁•克罗夫、国际水稻研究所所长马太•莫雷尔、国际农用林业中心主任托尼•西蒙斯访问我院，就进一步深化合作达成共识。

我院2018年国际合作工作会在吉林长春召开。我院副院长吴孔明出席会议并讲话。

12月

甘肃省人民政府副省长张世珍一行访问我院，双方就选派高层次人才到甘肃挂职工作进行座谈交流。

农业农村部部长韩长赋赴我院哈尔滨兽医研究所调研，就加强非洲猪瘟防控，推动疫苗研发等相关工作进行指导。

农业农村部党组成员、我院院长唐华俊主持召开我院非洲猪瘟防控科研攻关领导小组第1次会议。

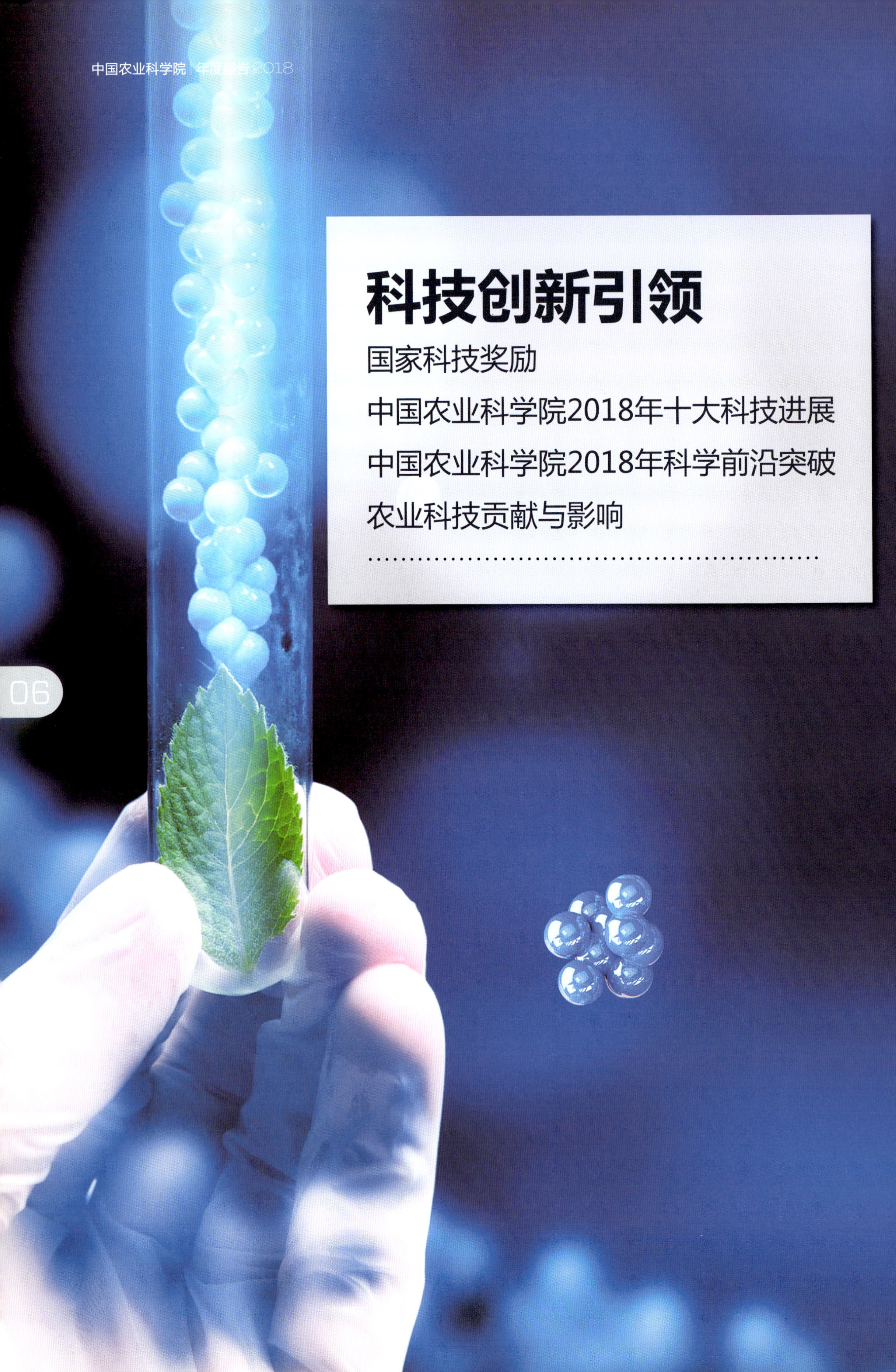
科技创新引领
国家科技奖励
中国农业科学院2018年十大科技进展
中国农业科学院2018年科学前沿突破
农业科技贡献与影响
06

国家科技奖励

蔬菜花卉研究所黄三文研究员牵头完成的"黄瓜基因组和重要农艺性状基因研究"获国家自然科学奖二等奖

该项目利用新一代基因组测序技术，首次破解了黄瓜的基因组遗传密码，发现了导致果实变大且基本失去苦味等性状改变的基因，推动黄瓜育种进入分子设计时代，带动我国蔬菜基因组学科进入国际领先行列。发现了控制黄瓜苦味物质合成的9个基因及其精准调控机制。合作培育的"蔬研"系列黄瓜品种成功解决了华南黄瓜品种因变苦而丧失商品价值的生产难题，累计推广约6.67万公顷，创造了约80亿元的经济价值，取得了显著的社会效益。

▲ 高产、果实无苦味优质华南型黄瓜新品种的培育和推广

哈尔滨兽医研究所冯力研究员牵头完成的"猪传染性胃肠炎、猪流行性腹泻、猪轮状病毒三联活疫苗创制与应用"获国家技术发明奖二等奖

该项目创制了我国首个安全高效的猪病毒性腹泻三联活疫苗，主动免疫、被动免疫保护率分别高达96.15%和88.67%，实现了猪病毒性腹泻"一针防三病"的精准高效防控，疫苗在全国累计应用2560万头份，免疫覆盖仔猪1.54亿头，实现销售收入2.01亿元。

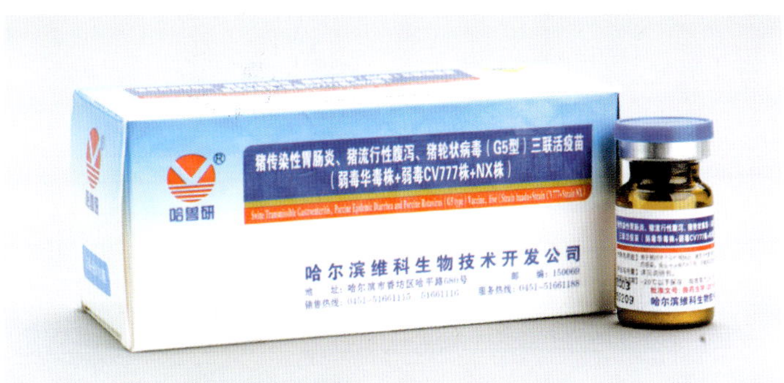

▲ 疫苗实物图

作物科学研究所李立会研究员牵头完成的"小麦与冰草属间远缘杂交技术及其新种质创制"获国家技术发明奖二等奖

该项目历时30年，建立了小麦远缘杂交新技术体系，破解了利用冰草属优异基因改良小麦的国际难题，创制育种紧缺的多粒、高千粒重、广谱抗病性、小旗叶优良株型等新材料392份，培育出携带冰草外源优异基因的新品种，引领育种发展新方向，提升了中国小麦种质资源的原始创新能力和国际影响力，显著提高了社会经济效益。

▲ 创制的大穗多粒、高千粒重小麦-冰草衍生系新种质

作物科学研究所邱丽娟研究员牵头完成的“大豆优异种质挖掘、创新与利用”获国家科技进步奖二等奖

该项目创建了大豆种质资源表型与分子标记相结合的鉴定技术体系，在国际上率先构建和解析了大豆泛基因组，挖掘抗逆、高油等重要性状QTL/基因72个，建立分子标记育种技术体系，选育出抗病、优质、高产新品种17个，2006—2017年累计推广约833万公顷，新增社会经济效益97.82亿元。

▲ 抗病品种中黄57大面积示范

农业环境与可持续发展研究所董红敏研究员牵头完成的“畜禽粪便污染监测核算方法和减排增效关键技术研发与应用”获国家科技进步奖二等奖

该项目首创了我国畜禽粪便污染核算方法，创建了污水源头减量工艺，发明了污水沼液再生利用、堆肥臭气减排与氨氮回收利用关键技术与装备，集成创建了种养结合、清洁回用、集中处理3个系列的技术模式并大面积推广应用，为国家政策制定和重大行动实施提供了科技支撑。

▲ 畜禽粪污能源化集中处理示范工程

蔬菜花卉研究所顾兴芳研究员牵头完成的“黄瓜优质多抗种质资源创制与新品种选育”获国家科技进步奖二等奖

该项目创建了高效的黄瓜抗病鉴定与品质评价技术，创建了国际领先的黄瓜分子标记多基因聚合育种技术，攻克了优质和抗病基因难以聚合的难题，培育出新一代不同生态型的突破性新品种8个，累计推广约79万公顷，实现了密刺型黄瓜优质多抗育种的突破。

▲ 育成的8个优质多抗中农系列黄瓜新品种

农业资源与农业区划研究所徐明岗研究员牵头完成的“我国典型红壤区农田酸化特征及防治关键技术构建与应用”获国家科技进步奖二等奖

该项目开展了6个典型省域长期监测试验点近30年联网研究，明确了典型红壤区农田酸化时空演变特征，创建了以“石灰类物质精准施用降酸、有机肥阻酸、减氮控酸”为核心的酸化防治关键技术，研发了酸性土壤调理剂等产品，集成了区域特色的农田酸化综合防治技术模式并大面积推广应用，经济和生态环境效益显著。

▲ 施用酸化改良剂和有机肥防治土壤酸化示范基地

农产品加工研究所张德权研究员牵头完成的“羊肉梯次加工关键技术及产业化”获国家科技进步奖二等奖

该项目首次系统解析了我国羊肉加工特性，创建了适合我国饮食习惯的羊肉加工适宜性评价技术，研发了梯次加工关键技术与装备，突破了“羊肉加工特性不清分级分割准确率低、品质劣变重货架期短、工业化程度低品质保持难”三大技术瓶颈，实现了羊肉加工从“手工经验”向“标准化工业化”的跨越。

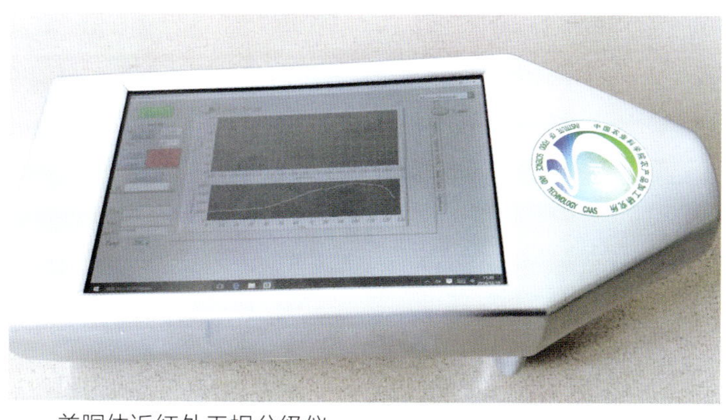

▲ 羊胴体近红外无损分级仪

中国农业科学院2018年十大科技进展

全面解析亚洲栽培稻基因组遗传多样性

作物科学研究所黎志康研究团队完成了3010份亚洲栽培稻基因组变异研究，是目前植物界最大的基因组测序工程，构建了全球首个接近完整、高质量的亚洲栽培稻泛基因组，深入解析了亚洲栽培稻基因组遗传多样性，并建立了数据应用平台。

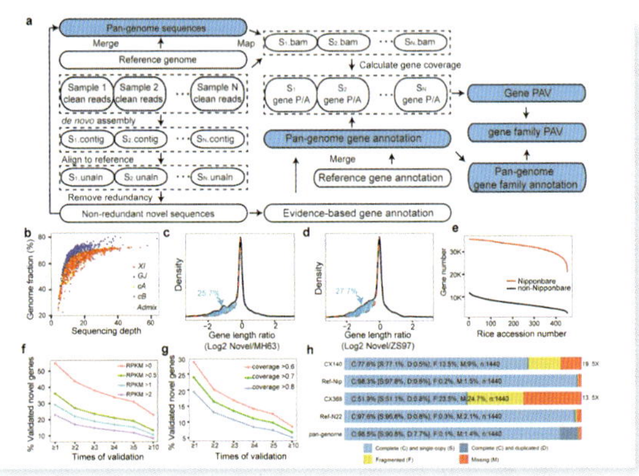

map-to-pan的泛基因组分析策略及主要结果

发现稻瘟菌致病性和水稻抗病性新机制

植物保护研究所宁约瑟、刘文德研究团队揭示了植物营养和抗病性间的内在联系，解析了水稻等单子叶植物特异的SD-1类受体激酶在抗稻瘟病过程中的调控机制，对创制新的病害防控策略具有重要意义。

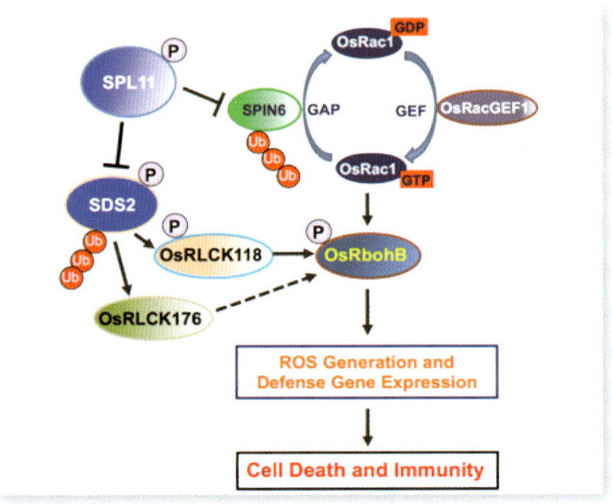

发现稻瘟菌致病性和水稻抗病性新机制

多重组学研究揭示番茄育种历史

深圳农业基因组研究所黄三文研究团队整合数百份材料的基因组、转录组、代谢组数据，利用多重组学方法全面地揭示了番茄果实代谢的育种历史，在植物代谢生物学研究方面取得突破。

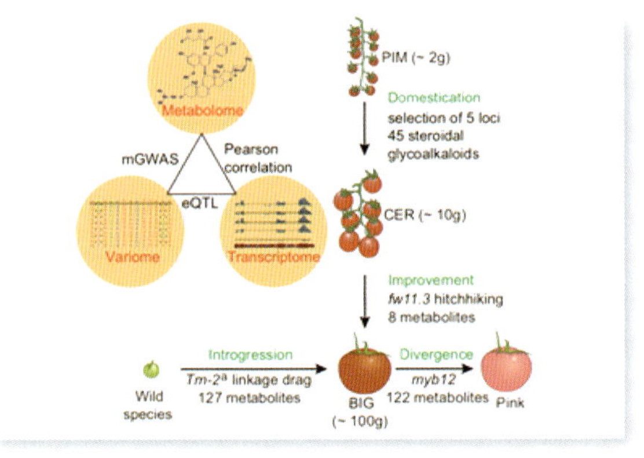

番茄育种的多重组学视角

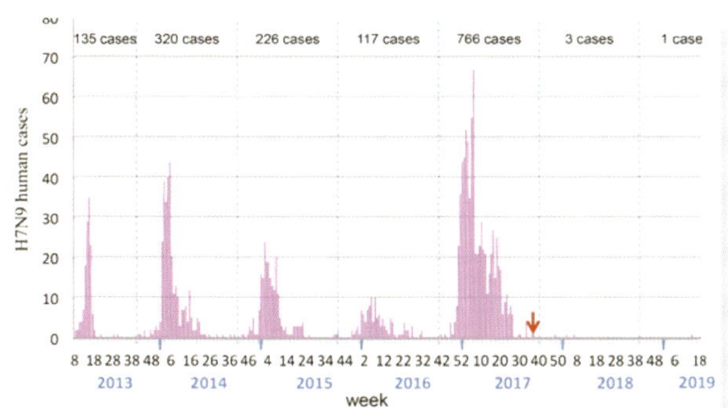

家禽疫苗免疫成功阻断人感染H7N9病毒

哈尔滨兽医研究所陈化兰研究团队研发出高效H5/H7二价禽流感灭活疫苗，大量应用后不但有效阻断了H7N9病毒在家禽中的流行，更在阻断人感染H7N9病毒方面取得立竿见影的效果。H7N9的成功防控成为从动物源头控制人兽共患传染病的典型案例。

家禽疫苗免疫前后人感染H7N9病毒的情况（红箭头显示疫苗在家禽中开始应用的时间）

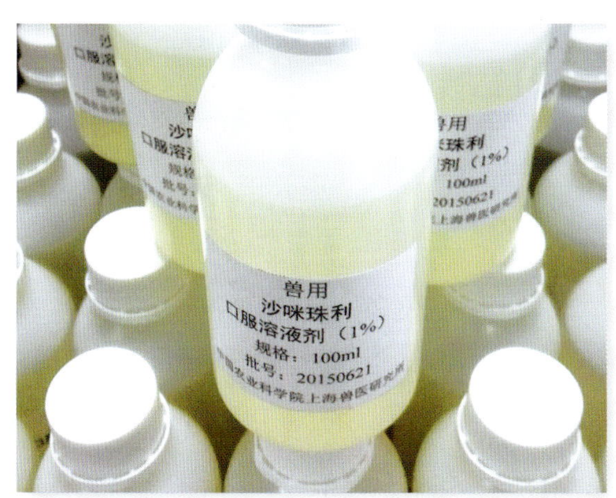

一类抗球虫新兽药沙咪珠利研制与产业化

上海兽医研究所薛飞群研究团队完成了一类抗球虫新兽药沙咪珠利的药效筛选、制备工艺研究、药理药代研究、毒性及安全评价、临床研究以及环境影响评估等，突破了吸收代谢途径、兽药残留研究和生产工艺等技术难点，实现了产业化生产。

兽用沙咪珠利口服溶液剂

中畜草原白羽肉鸭

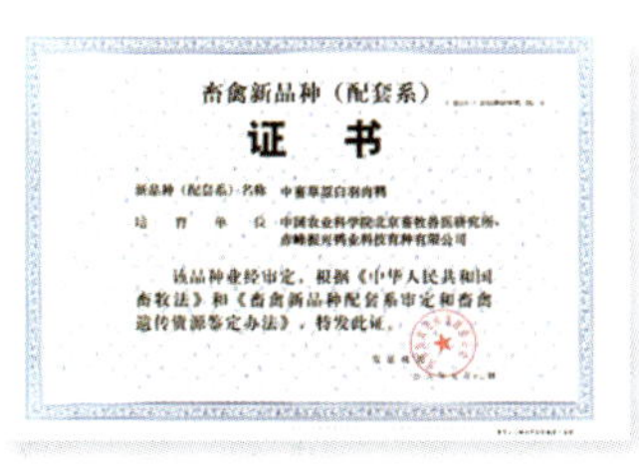

中畜草原白羽肉鸭品种证书

中畜草原白羽肉鸭新品种通过国家审定

北京畜牧兽医研究所侯水生研究团队培育的中畜草原白羽肉鸭新品种获国家畜禽新品种证书，商品代肉鸭出栏量约占全国市场的24%，创建的二维码标记与数据处理、胸肌率与皮脂率选种技术等创新性显著。

韭蛆防治技术标准化产业化应用

蔬菜花卉研究所张友军研究团队依据各地栽培特点，进一步完善“日晒高温覆膜”防治韭蛆新技术，制定了农业行业标准，2018年，该技术在我国韭菜主产区推广应用约32万公顷。

油菜毯状苗机械化高效移栽技术

南京农业机械化研究所吴崇友研究团队解决了稻茬田黏重土壤秸秆还田条件下的油菜高效率高密度移栽难题，攻克了油菜机械化的最后一个“堡垒”，在主产区大面积推广应用。

水稻叠盘出苗育秧技术

中国水稻研究所朱德峰、陈惠哲研究团队创新水稻叠盘出苗育秧模式，研发播种及智能温室控制出苗等装备，实现育秧模式、装备与技术配套，采用该技术育秧，出苗整齐、秧苗健壮，增产增效显著。该技术解决了水稻机插育秧出苗差、不整齐、烂秧死苗等关键问题，对水稻生产机械化发展及社会化服务提供了技术支撑。

“中棉所641”与“宽早优”相结合的高品质棉生产技术模式

棉花研究所张西岭研究团队培育的优质棉新品系“中棉所641”与“宽早优”植棉新技术集成，2018年在新疆维吾尔自治区(以下简称新疆)示范种植增产20%以上，在“良种良法配套、农机农艺融合”方面取得重大突破。

中国农业科学院2018年科学前沿突破

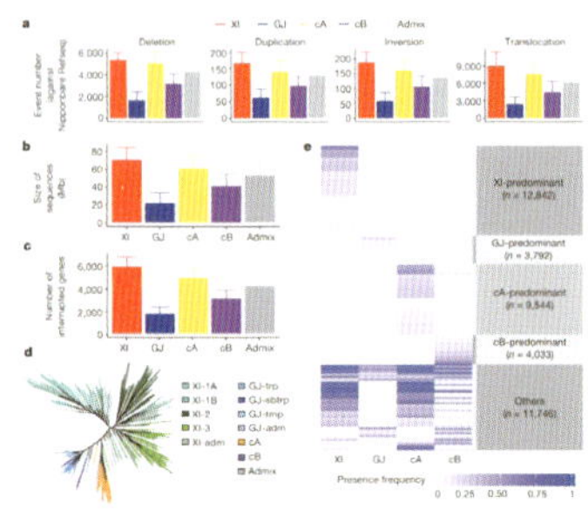

▲ 基因组结构变异的数量和群体分化

《3010份亚洲栽培稻基因组变异研究》

作物科学研究所黎志康、深圳农业基因组研究所阮珏等共同在《自然》杂志发表了题为《3010份亚洲栽培稻基因组变异研究》的论文。探讨了水稻的起源、基因、分类和进化规律，揭示了水稻种内丰富的群体结构和遗传多样性，极大地促进了全球水稻基因组研究和水稻分子设计育种水平的提升。

▲ *qHMS7*位点编码的自私基因的鉴定

《水稻自私遗传元导致非孟德尔遗传》

作物科学研究所万建民等在《科学》杂志发表了题为《水稻自私遗传元导致非孟德尔遗传》的论文。该项研究阐明了水稻自私基因在维持植物基因组稳定性和促进新物种形成中的分子机制，探讨了毒性–解毒分子机制在水稻杂种不育上的普遍性，为揭示水稻籼粳亚种间杂种雌配子选择性致死的本质提供了理论借鉴。

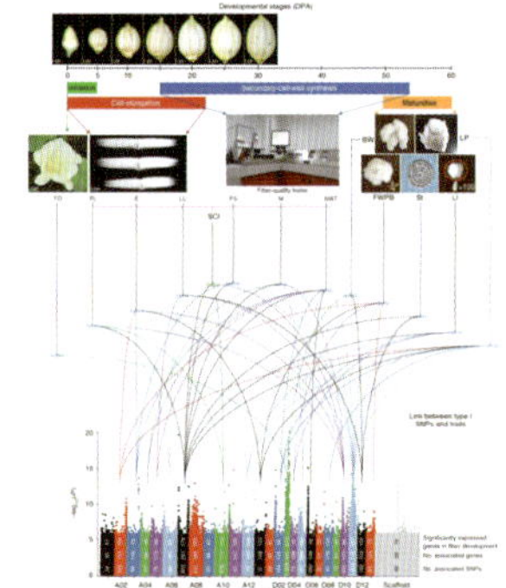

《核心群重测序揭示影响陆地棉纤维品质和产量的基因组变异位点》

棉花研究所杜雄明等在《自然遗传学》杂志发表了题为《核心群重测序揭示影响陆地棉纤维品质和产量的基因组变异位点》的论文。首次利用我国419份陆地棉核心种质发掘了约366万个SNP标记，全面发掘了纤维相关的优异变异位点，为棉花改良中的分子选择和遗传操作提供了依据。

◀ 陆地棉纤维相关性状及其关联位点的强度和染色体位置示意图

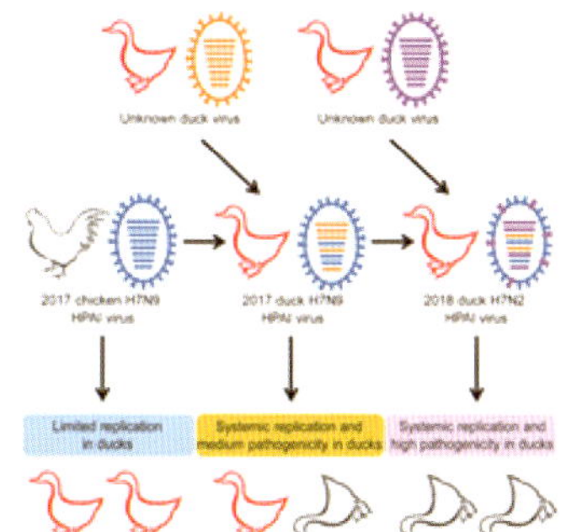

《2017年在中国出现的H7N9高致病性病毒快速进化》

哈尔滨兽医研究所陈化兰等在《细胞宿主与微生物》杂志发表了题为《2017年在中国出现的H7N9高致病性病毒快速进化》的论文。发现H7N9高致病性病毒进化迅速，短期内可因突变和重组而获得更强的致病力；所幸家禽疫苗免疫可阻断H7N9病毒对家禽和人类的侵染。

◀ H7N9病毒的遗传进化和对鸭的致病力

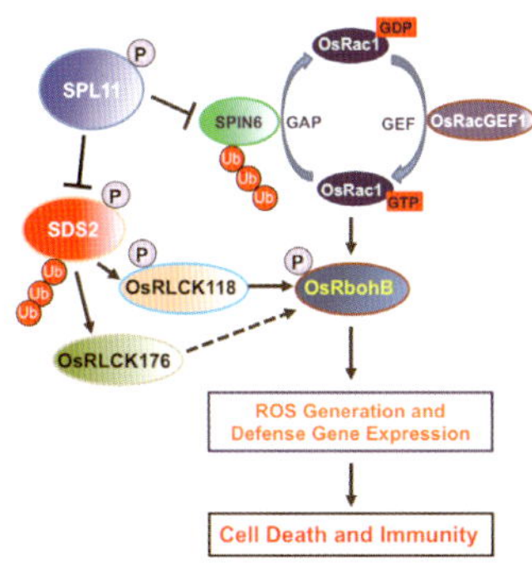

《单子叶植物特异性受体激酶SDS2控制水稻细胞凋亡和免疫》

植物保护研究所植物抗病功能基因研究组在《细胞宿主与微生物》杂志发表了题为《单子叶植物特异性受体激酶SDS2控制水稻细胞凋亡和免疫》的论文。证明SDS2是水稻细胞死亡和稻瘟病抗病性的关键正调控因子，为进一步解析水稻的先天免疫分子机制奠定了重要基础。

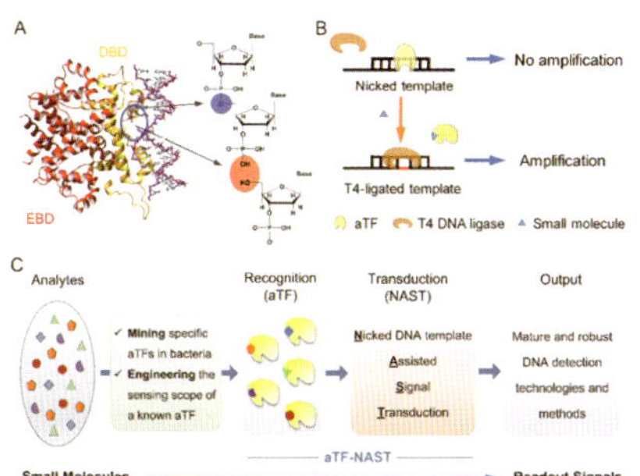

▲ 使用TF-NAST开发UA和TC生物传感器

《利用细菌别构转录因子的新功能实现不同小分子体外检测》

植物保护研究所李珊珊等在《科学进展》杂志发表了题为《利用细菌别构转录因子的新功能实现不同小分子体外检测》的论文。设计并实现了一种新的基于aTF结合带缺口的DNA模板辅助的信号转化系统，可以将aTF识别的小分子信号转化成易被检测的DNA信号，从而通过各种成熟稳定的DNA检测方法实现小分子化合物的检测。

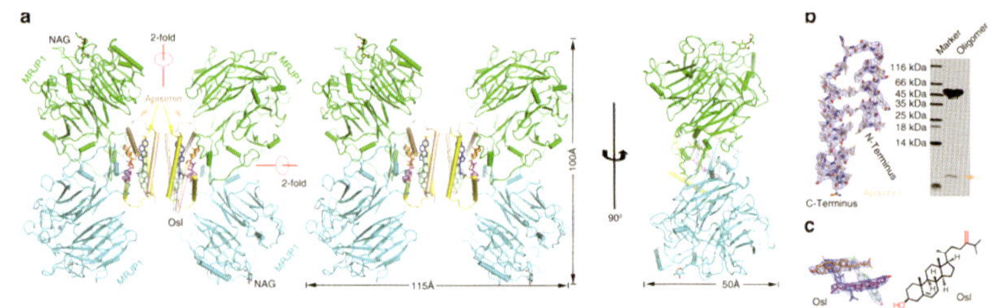

▲ MRJP1低聚体的结构

《蜂王浆主要蛋白MRJP1的复合物结构》

蜜蜂研究所田文礼等在《自然通讯》杂志发表了题为《蜂王浆主要蛋白MRJP1的复合物结构》的论文。通过弱同源解结构的方法成功解析出蜂王浆主要蛋白MRJP1异质三元复合物结构，解释了蜂王浆中MRJP1低聚体比MRJP1单体稳定和蜂王浆具有降胆固醇功能的原因。

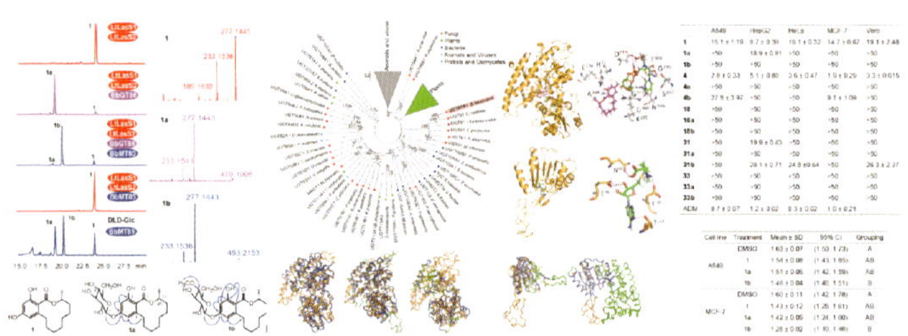

▲ 球孢白僵菌糖基转移酶和甲基转移酶的催化机制以及甲基糖基化修饰的化合物生物活性

《生物合成中芳香族氨基酸和酚类的甲基葡萄糖基化》

生物技术研究所徐玉泉等在《美国科学院院报》发表了题为《生物合成中芳香族氨基酸和酚类的甲基葡萄糖基化》的论文。他们从真菌中发现了能够对多种苯胺类和酚类药物前体进行甲基糖基化的新型糖基转移酶和甲基转移酶，并创新性地将两个酶作为一个功能模块，合成稳定性和生物活性提高的非天然糖基化聚酮化合物。

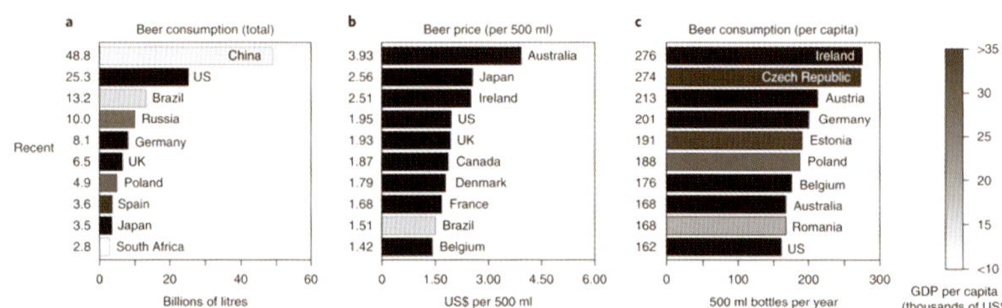

▲ 近年来啤酒的消费数量及其价格

《极端干旱和炎热导致全球啤酒供应减少》

农业环境与可持续发展研究所林而达等在《自然-植物》杂志发表了题为《极端干旱和炎热导致全球啤酒供应减少》的论文。发现随着气候变化，严重干旱和极端高温天气事件发生的越来越频繁，预计大麦产量将大幅下降，因此，啤酒将变得更加稀缺和昂贵。

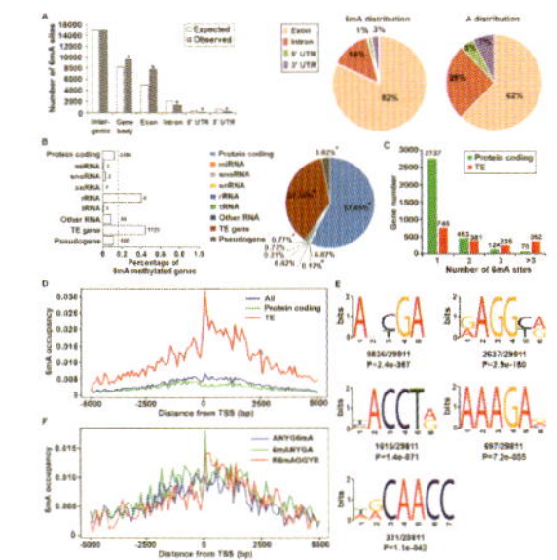

▲ 6mA基因组甲基化在9日龄拟南芥植株中的分布

《拟南芥DNA的N-6-腺嘌呤甲基化研究》

生物技术研究所谷晓峰等在《发育细胞》杂志发表了题为《拟南芥DNA的N-6-腺嘌呤甲基化研究》的论文。指出6mA在陆地植物中是一个迄今未知的表观遗传标记，首次揭示了植物DNA 6mA甲基化的全基因组分布和生物学功能，为系统解析DNA甲基化调控植物发育和环境适应性机制开拓了新领域。

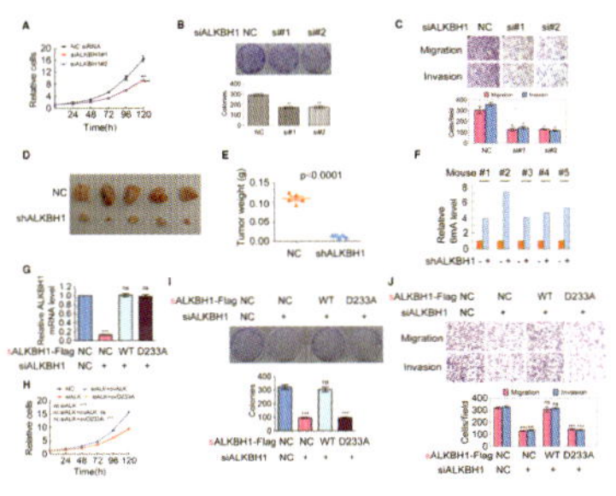

▲ 增加基因组6mA修饰水平抑制肿瘤发生

《人类基因组DNA的N-6-腺嘌呤甲基化修饰》

生物技术研究所谷晓峰等在《分子细胞》杂志发表了题为《人类基因组DNA的N-6-腺嘌呤甲基化修饰》的论文。证实肿瘤组织中基因组DNA的6mA水平下调与肿瘤的恶性表型和肿瘤患者预后差密切相关。揭示人基因组DNA 6mA水平下调可能促使肿瘤发生发展和侵袭转移，而6mA水平上调可抑制肿瘤的发生发展和侵袭转移。

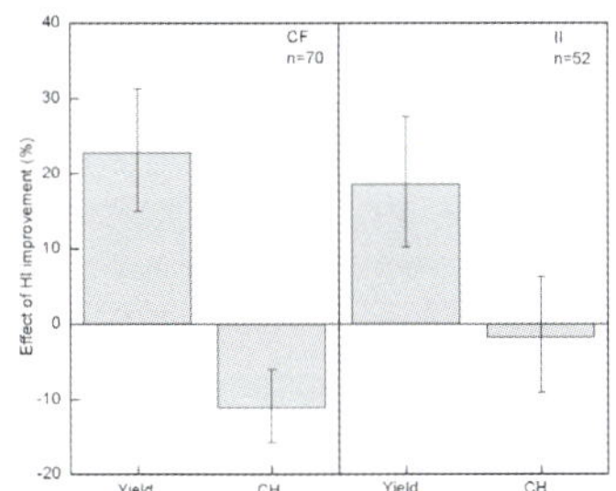

▲ 收获指数提高对持续淹水（CF）和间歇灌溉(Ⅱ)稻田水稻单产和甲烷的影响

《提高收成指数以减少稻田甲烷排放的潜力有限》

作物科学研究所张卫建等在《气候变化生物学》杂志发表了题为《提高收成指数以减少稻田甲烷排放的潜力有限》的论文。揭示了HI与CH_4排放的关系及其生物学机制，提出水稻生产中为减少CH_4可能需要在转变管理理念的同时转变育种战略的崭新理论，为环保型绿色农业生产奠定了理论基础。

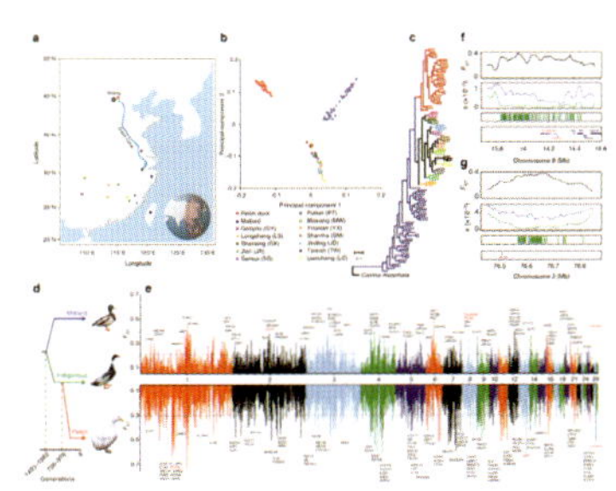

▲ 鸭群分化的抽样和基因组学景观

《群体杂交研究揭示与鸭体型和毛色相关基因》

北京畜牧兽医研究所侯水生等在《自然通讯》杂志发表了题为《群体杂交研究揭示与鸭体型和毛色相关基因》的论文。解释了北京鸭是如何从野鸭进化而来，发现导致北京鸭体格变大的主效基因*IGF2BP1*，为畜禽高产性能分子育种奠定了理论和技术基础。

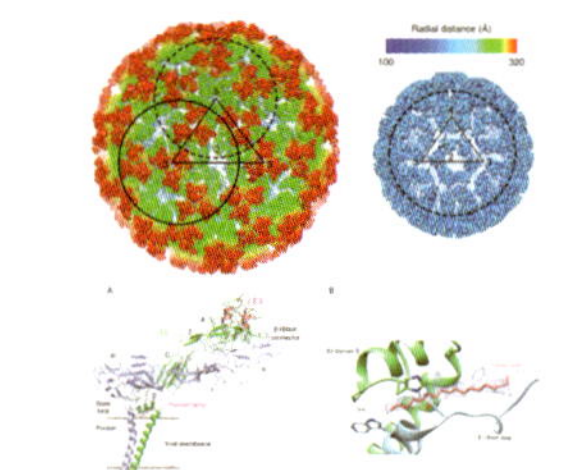

▲ 辛德毕斯病毒颗粒冷冻电镜结构图：新发现的口袋因子所在位置(A)及局部放大图(B)

《高分辨率结构解析揭示A病毒入侵宿主细胞和组装过程》

哈尔滨兽医研究所王靖飞等在《自然通讯》杂志发表了题为《高分辨率结构解析揭示A病毒入侵宿主细胞和组装过程》的论文。解析了3.5埃的辛德毕斯病毒冷冻电镜结构，对于鉴定病毒在pH酸性条件下的构象变化具有重要意义，对药物和疫苗的设计具有重要参考价值。

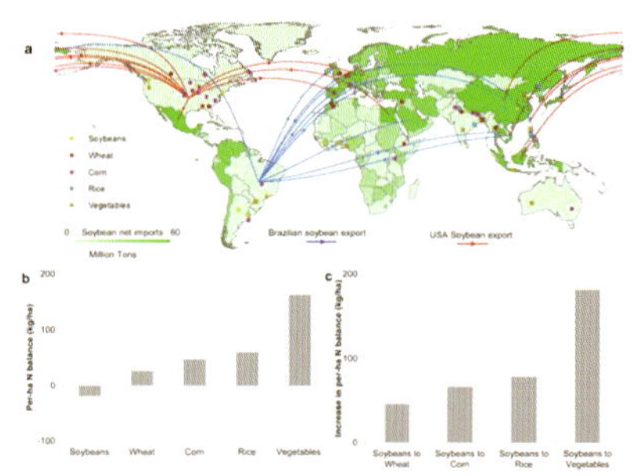

《全球大豆贸易潜在环境负效益》

农业资源与农业区划研究所孙晶等在《美国科学院院报》杂志发表了题为《全球大豆贸易潜在环境负效益》的论文。揭示了以往粮食贸易中被忽视的进口国环境污染问题，论证了系统评估国际粮食贸易对环境连带影响的重要性，可为我国粮食进口贸易对外谈判提供重要科学依据。

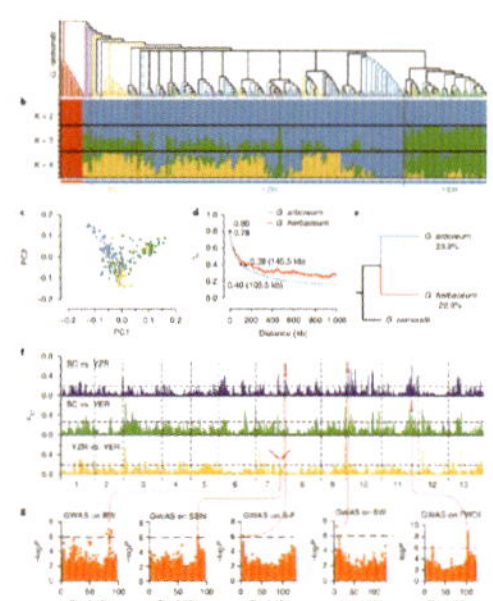

▲ 亚洲棉群体结构和分化

《对243个二倍体棉花品种A基因组测序解析关键农艺性状的遗传基础》

棉花研究所李付广、深圳农业基因组研究所林涛等在《自然遗传学》杂志发表了题为《对243个二倍体棉花品种A基因组重测序解析关键农艺性状的遗传基础》的论文。首次从基因组水平上明确了亚洲棉的演化、遗传多样性和群体结构特征，发现抗枯萎病、纤维产量等性状受地理分化的选择，为解析棉花基因组的进化奠定了基础。

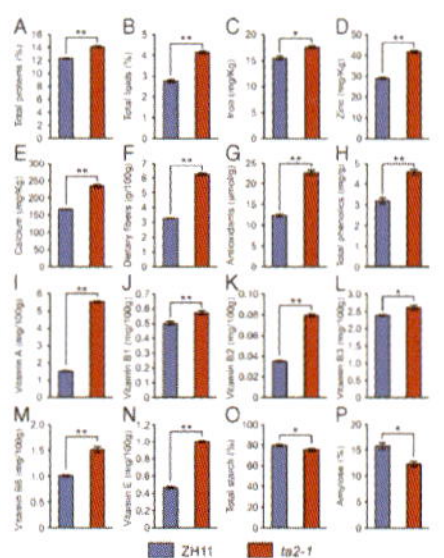

▲ *OSROS1*突变导致水稻营养品质整体提升

《水稻DNA脱甲基酶突变导致糊粉层增厚并提高营养价值》

作物科学研究所刘春明等在《美国科学院院报》杂志发表了题为《水稻DNA脱甲基酶突变导致糊粉层增厚并提高营养价值》的论文。这是国际上首次提出一种改善水稻营养品质的新途径，为培育高营养水稻提供了新型遗传材料，开拓了禾本科作物营养品质育种的新路径。

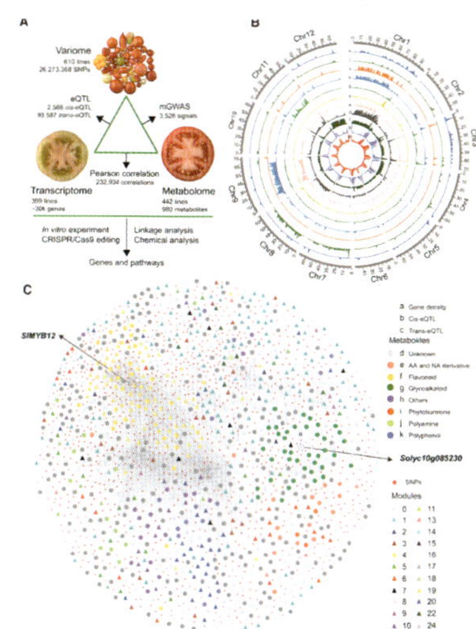

《育种重新编写番茄果实代谢组》

深圳农业基因组研究所黄三文等在《细胞》杂志发表了题为《育种重新编写番茄果实代谢组》的论文。首次全面揭示了驯化、改良、分化、渐渗过程中番茄果实代谢组的变化，鉴定了果实中营养和风味物质的遗传位点，发现了新的调控代谢途径，为番茄果实风味和营养物质的遗传调控及全基因组设计育种提供了路线图。

多组学数据的生成和集成（A：研究布局图；B：mGWAS 和eQTL的全基因组分布；C：SNPs、基因和代谢物的三维网络图）

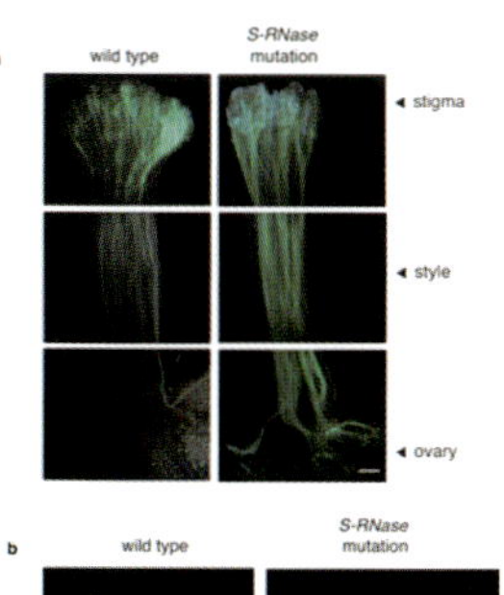

《*S-RNase*基因敲除产生自交亲和二倍体马铃薯》

深圳农业基因组研究所黄三文等在《自然植物学》杂志发表了题为《*S-RNase*基因敲除产生自交亲和二倍体马铃薯》的论文。使用CRISPR-Cas9系统敲除了马铃薯中的*S-RNase*基因，克服了马铃薯的自交不亲和性，为二倍体马铃薯的育种开辟了新的途径，也为其他自交不亲和作物研究提供了参考。新创制的自交亲和二倍体马铃薯将加速马铃薯的基础研究和遗传改良进程。

利用基因组编辑技术创制自交亲和的二倍体马铃薯（A：花粉管在野生型（左）和突变型（右）花柱中的伸长情况；B：野生型（左）和突变型（右）植株自花授粉后的坐果情况）

《土地利用、*Bt*棉花种植和天气对中国棉花害虫影响的多年度县域分析》

植物保护研究所陆宴辉等在《美国科学院院报》杂志发表了题为《土地利用、*Bt*棉花种植和天气对中国棉花害虫影响的多年度县域分析》的论文。证明*Bt*植物抗虫性是一种有效的害虫综合治理手段，提出*Bt*植物种植与土地利用、气候变化对农作物害虫发生影响的重要性和复杂性，对于全面认识我国棉花害虫灾变机制、不断创新棉花害虫防控对策有着重要的科学理论意义和实践指导价值。

1991-2005年棉花蚜虫、盲蝽、棉铃虫的发生程度(A)及其化学防治次数(B)

农业科技贡献与影响

落实2030年可持续发展议程：行动与贡献

2015年9月，联合国发展峰会通过《2030年可持续发展议程》，开启了全球可持续发展事业的新纪元。建立可持续的农业与粮食系统不仅对无贫穷、零饥饿这两项首要目标至关重要，而且对于环境发展、健康福祉、性别平等方面目标的实现也具有广泛的影响力。中国农业科学院大力促进科技创新，积极开展科技扶贫，持续推进绿色发展，将落实可持续发展目标与助力国家脱贫攻坚事业、实施乡村振兴战略紧密结合，为全球早日实现2030年可持续发展目标作出不懈努力。

科技进步是中国农业发展的核心驱动力。2018年科技进步对农业的贡献率已达58.3%。粮食产量连续七年稳定在64亿千克以上，贫困发生率下降为1.7%。

面向产业重大需求和农业科技前沿，中国农业科学院培育出诸如优质高产杂交稻、转基因抗

油菜高含油量聚合育种技术及应用

印水型水稻不育胞质的发掘及应用

‘中黄13’大豆

虫棉、双低油菜、高产广适优质大豆等一系列优质高产新品种，显示出在农作物育种研究领域的世界领先水平，为推动产业发展和粮食安全做出积极贡献。

建立了农业遥感监测系统，成为国际地球观测组织向全球推广的农业遥感监测系统之一，创建了国内首个精度高、尺度大和周期短的国家农业旱涝灾害遥感监测系统，实现了国家和区域尺度的业务化应用和信息服务。

研制出一批畜禽重大疫病防控新型疫苗，研制的H5亚型禽流感疫苗占国内市场95%以上份额，为防止禽流感、口蹄疫传播等发挥了主导作用。

育出“大通牦牛”“高山美利奴细毛羊”“北京鸭”等新品种，填补了世界上牦牛没有培育品种及相关体系与技术的空白，实现澳洲美利奴羊在我国高海拔、高山寒旱生态区的国产化，推动了农牧民增收致富。

主要农作物遥感监测关键技术研究及业务化应用

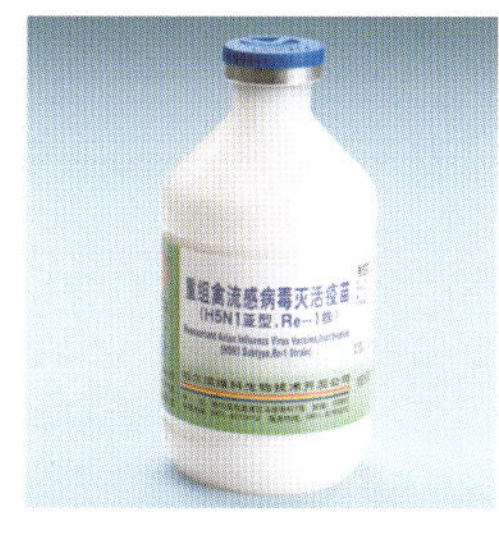

H5亚型禽流感灭活疫苗的研制与应用

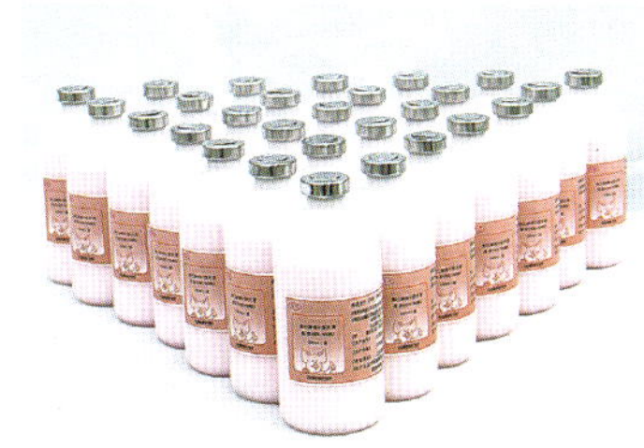

口蹄疫灭活疫苗

大通牦牛新品种及配套技术

12 负责任消费和生产

中国农业科学院发布的《中国农业绿色发展报告2018》报告显示，我国农业绿色发展综合水平显著提升，已形成了一批可复制、可推广的农业绿色发展典型模式，为世界农业可持续发展贡献了“中国样板”。中国农业科学院组织推进了水稻、玉米、油菜等16个产业绿色发展技术集成模式研究与示范工作，在持续优化农业生产空间布局、农业资源休养生息、逐步改善产地环境和人居环境、稳步推进生态系统建设、探索绿色发展模式等方面发挥了促进作用。

中国农业科学院牵头实施了国家水专项“洱海流域农业面源污染综合防控技术体系研究与示范”课题，研究提出了农业面源污染系统防控战略，形成了以污染防治—绿色发展—合作共赢为导向的“种养一体化农业面源污染系统防控技术体系”标志性成果，并在洱海流域进行了工程示范，不仅削减农业面源污染负荷45%、显著改善了示范区水质，而且培育了种养一体化农业废弃物食用菌基质化利用等一批新产业，经济效益增加20%以上，践行了“绿水青山就是金山银山”的绿色发展理念。

中国农业科学院积极关注气候变化对粮食作物和消费品供给的影响。作为国家气候变化谈判农业领域技术支撑单位，向《联合国气候变化框架公约》及相关国际谈判提交了适应气候变化、农业行业减排等议题的国际立场文件，向国家多次提交了农业领域应对气候变化相关议题的谈判对案和技术报告，为构建我国农业绿色低碳发展路径、维护国家发展权益、提高我国农业领域国际气候变化谈判话语权做出了贡献。参与评估和审议温室气体排放和减缓气候变化的方案，为政府间气候变化专家委员会（IPCC）评估报告顺利完成提供技术支持，增强了我国国际影响力。

2018年中国农业科学院气候变化团队首次完成了气候变化对全球大麦产量及啤酒供应的评估，其成果作为网页封面论文在*Nature*子刊*Nature Plants*上在线发表，并入选2018年最受全球媒体关注的100篇论文。

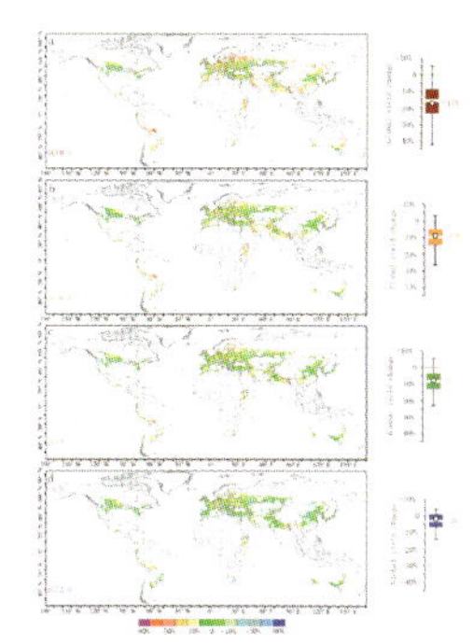

中国农业科学院积极落实“一带一路”倡议，在南南合作框架下向其他发展中国家提供力所能及的帮助，支持发展中国家农业农村发展和农业科技进步，促进了当地人民生活水平的提升，为保障区域粮食安全作出了积极贡献。

在双边合作方面，建立农业科技对话合作机制与国际合作平台，积极开展高层互访、签署协议、项目合作、人员交流和能力建设，目前已与“一带一路”沿线国家和地区的近30个科研机构（大学）签订了战略合作协议。在多边合作方面，通过组织召开一系列农业科技合作会议，共商“一带一路”背景下现代农业科技的创新和发展，互相借鉴有益经验，探索新型合作模式。

重要战略举措

农业科技创新工程

乡村振兴和科技扶贫支撑计划

国家农业科技创新联盟

绿色发展技术集成模式研究与示范

人才工程

智库建设

农业科技创新工程

农业科技创新工程先期规划为2013—2025年，分三个阶段：

试点期（2013—2015年）

全面推进期（2016—2020年）

跨越发展期（2021—2025年）

为深入贯彻落实党的十九大精神和习近平总书记贺信重要指示，系统总结创新工程实施经验与成效，引导全院发展方向更加聚焦“三个面向”，加快建设世界一流学科和一流院所，中国农业科学院开展了农业科技创新工程5年考核、全面推进期中期评估和协同创新任务评估工作。

研究制定考评方案，明确考评内容、程序和方法。10位院领导分别带队，120多位外部同行专家和管理专家参与，历时3个多月，完成了对33个研究所、331个科研团队和19项协同创新任务的考核评估。从专家评估意见和定量数据对比分析可以看出，随着农业创新工程实施，院所发展定位更加聚焦，创新能力全面增强，创新效率大幅提升，创新成果不断涌现，改革排头兵、创新国家队、决策智囊团地位与作用愈发突显。

发展速度与质量大幅度提升

重大成果不断涌现

- 共获国家奖33项，同比增长22%，获奖数量约占农业领域的20%
- 2018年获得8项国家奖，达到自2000年国家奖改革以来的最高水平

科技论文质量双升

- 共发表科技论文25690篇，其中SCI/EI论文10042篇，是前5年的2.5倍
- 在*Science*、*Nature*、*Cell*主刊发表论文12篇，同比翻了一番，处于国内领先地位

品种、专利等成果翻倍增长

- 审定农作物新品种638个，同比增长50%
- 获植物新品种权234项，同比增长270%
- 创制新农药、新肥料、新兽药94个，同比增长60%
- 获发明专利2931项，是前5年的3倍
- 获中国专利奖36项，占农业领域全国获奖总数的68%，生物科技领域和制药领域发明量全球第一

科技创新工程实施五年来，中国农业科学院各项事业取得长足进步

体制机制创新获得突破性进展，科技创新能力和影响力大幅提升

- 面向世界前沿，取得十大重大理论发现
- 面向国家重大需求，突破十大核心关键技术
- 面向农业农村主战场，创制10项重大产品
- 面向未来，加速培育10项苗头性成果

全面推进期指标完成情况

- 36%的定量指标已完成或超额完成
- 89%的绩效指标达到或超过预定进度
- 预计到2020年，可超额完成全面推进期各项目标任务

乡村振兴和科技扶贫支撑计划

乡村振兴科技支撑行动开局良好。组织对重点区域进行了调研考察，明确了河南兰考、江西婺源等38个县作为乡村振兴科技支撑示范县。

启动了江苏东海、河南兰考、江西婺源、四川邛崃等4个乡村振兴示范县建设。围绕“产业兴旺”这一核心目标，组织相关省市农科院参与共建，在农业农村现代化、生态循环、农村能源等领域，开展关键技术集成与示范，打造整县制推进科技支撑发展模式。

推进绿色发展技术模式集成示范，种植业每公顷节本增效6720元，养殖业节本增效32%，示范推广前景良好。坚持“脱贫攻坚主战场在哪里，中国农业科学院专家团队就到哪里”的理念，派出60多名干部赴贫困县挂职扶贫，派出3300多名专家团队到贫困地区开展科技服务，积极开展科技扶贫项目，推动产业扶贫，为帮助贫困地区群众持续稳定增收、如期打赢脱贫攻坚战做出了积极贡献。全面推进科技精准脱贫，组织实施各类科技项目150多个，构建了科技脱贫“安康模式”“阜平模式”。在新疆和西藏重点开展了棉花、玉米、蔬菜、果树、农业信息等科技创新和成果转化工作，取得了新的成效。组织培训农技人员和农牧民5.5万多人次，推广新品种36个，新技术50多项。

梳理区域发展重大问题，攻关柑橘黄龙病、冬季休闲轮耕、肉羊产业提质增效、生猪粪污处理与综合利用等关键技术，促进区域发展。

国家农业科技创新联盟

2018年，国家农业科技创新联盟坚持瞄准农业供给侧结构性改革、农业产业提质增效和绿色发展等方向，组织1000余家单位，整合财政资金、自筹经费18.8亿元，开展技术集成、落地示范、推广应用、技术服务咨询等协同创新任务463项，创新集成技术模式974套，召开现场会955个，逐步构建了产学研用紧密结合、上中下游有机衔接的协同平台和协作机制，在科技创新上不断有新突破，在运行机制上不断有新亮点，在带动引领产业发展上不断有新成效。20个标杆创新联盟新建示范基地117个，开展技术培训4000多人次；奶业、棉花、优质蜂产品等联盟创建了自主的标准和标识，探索农业高质量发展的“联盟模式”。

一是围绕乡村振兴重点布局，务实推进质量兴农、绿色兴农。在水稻绿色增产增效、优质棉产业、优质乳产业、智慧农业等领域开展技术研发，定点示范与推广应用，推进农业由增产导向转向提质导向。围绕畜禽废弃物循环利用、农作物秸秆资源化利用等区域重大任务开展协同攻关，积极提供一批区域、生态环境重大问题的综合解决方案，推动农业农村突出生态环境问题综合治理。此外，在特种经济动物、牦牛、优质蜂产品等特色产业领域，以及灌溉农业、乡村环境治理等绿色发展领域组建产业联盟，推动联盟建设向纵深发展。

二是积极探索协同机制，形成联盟特色运行模式。联盟逐步探索出“实体化”“一体化”和“共建共享”的联盟特

色运行机制。水稻商业化分子育种、农业废弃物、渔业装备等联盟创新实施了“实体化”机制，充分激发了科研人员服务产业的积极性；奶业、棉花、深蓝渔业等联盟实施了“一体化”机制，真正发挥了联盟跨领域、多学科、协同作战的制度优势；农业大数据、农作物种质资源等联盟形成的“共建共享”机制，持续强化了共享经济的大背景下联盟的资源整合。

三是推进农业基础性、长期性科技工作，完成农业科学数据平台建设。首批挂牌36个实验站试点，建立了符合多学科特色、满足多类型数据特点的工作数据汇交系统并投入运行；开展观测监测人员工作培训，为推动系统规范管理提供制度保障。

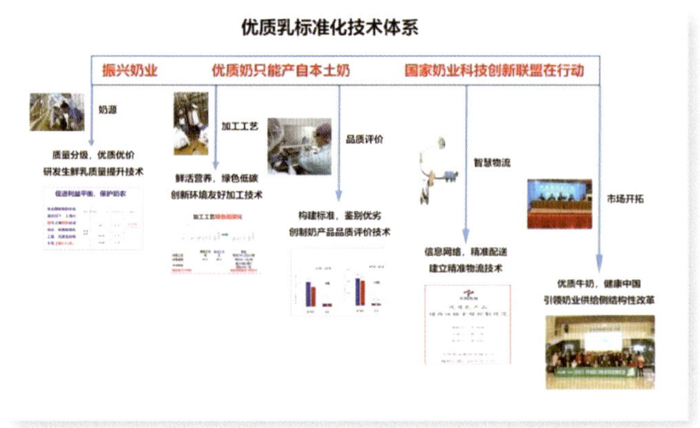

绿色发展技术集成模式研究与示范

继续组织推进水稻、玉米、油菜等16个产业绿色发展技术集成模式研究与示范工作，共集成国内外先进实用技术184项，构建适合不同区域生态条件的农业绿色发展综合技术模式53套。在27个省（市、区）建立示范基地160个，面积约3万公顷，辐射带动约193万公顷，示范畜禽2700多万头（只），取得了良好的增产增效和绿色生态效果，种植业平均增产26%，节水38%，节肥22%，节省农药35%，平均每公顷节本增效6720元，养殖业节本增效达32%。依托肉鸭项目成功培育的瘦肉型北京鸭新品种“中畜草原白羽肉鸭配套系”顺利通过了国家畜禽品种审定，打破了外来瘦肉型肉鸭对我国市场的垄断。新华社、人民日报等国家及地方媒体对相关工作进行了报道，产生了良好的社会反响。

协同攻关网络进一步完善，16个项目组织院内26个单位、56个团队、503名科技人员协同攻关；院外有260个单位、2800人加盟。举办各种形式各类规模的现场观摩会44场、技术培训189场，培训专家、农技推广人员、种养大户等16000多人次。

人才工程

青年人才工程规划（2017—2030）

“青年人才工程规划”（2017—2030）是2017年中国农业科学院启动的一项面向未来、追求跨越、增强核心竞争力的重大工程，旨在构建全方位人才建设体系，建成整体规模适度、结构功能明晰、学科布局合理、年龄梯次配备、以服务“三农”为己任的创新、转化和支撑青年人才队伍。计划到2030年，建成创新、转化和支撑等功能齐备、结构优化的青年人才队伍，45岁以下青年人才总规模力争达到4750人左右，规模持续维持在全院一线科技人才总量的2/3；青年创新人才3450人左右，青年转化人才340人左右，青年支撑人才960人左右；优秀青年人才总量达到570人左右。

农科英才特殊支持政策

为构建完善的人才发展体系，建立高端引领、重点支持、协同推进的人才引育机制，吸引、凝聚和培育高层次科技人才，激发人才创新创造活力，面向海内外农业科技人才出台了引育并举的《农科英才特殊支持管理暂行办法》。

特殊支持主要面向全院全职在岗从事科学研究工作的科技人才，包括培养和引进的顶端人才、领军人才和青年英才3个层次。给予顶端人才科研经费200万元/（人·年），岗位补助50万元/（人·年）；领军人才A类科研经费150万元/（人·年），岗位补助30万元/（人·年）；领军人才B类科研经费100万元/（人·年），

类别	科研经费	岗位补助	人数
顶端人才	科研经费200万元/（人·年）	岗位补助50万元/（人·年）	12人
领军人才A类	科研经费150万元/（人·年）	岗位补助30万元/（人·年）	31人
领军人才B类	科研经费100万元/（人·年）	岗位补助25万元/（人·年）	68人
领军人才C类	科研经费80万元/（人·年）	岗位补助20万元/（人·年）	95人
青年英才	科研经费60万元/（人.年）	岗位补助10万元/（人·年）	92人

岗位补助25万元/（人·年）；领军人才C类科研经费80万元/（人·年），岗位补助20万元/（人·年）；青年英才科研经费60万元/（人·年），岗位补助10万元/（人·年）。

截至2018年年底，我院共有298名农科英才，其中顶端人才12人，领军人才194人，青年英才92人，高层次人才队伍逐渐壮大。

青年英才计划

“青年英才计划”是2013年中国农业科学院启动的一项高目标、高标准和高强度的青年科技人才引进计划，2014年入选首批全国55项重点海外高层次人才引进计划，在海内外引起广泛关注。

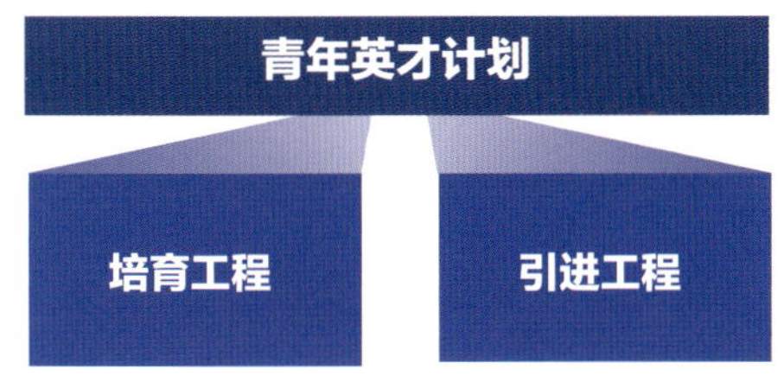

2017年，为适应新的发展要求，提高青年人才引进的效率和质量，中国农业科学院对该计划进行了修订完善。“青年英才计划”下设“引进工程”和“培育工程”，面向海内外重点引进和培养40岁以下具有国际视野和高水平的青年学科带头人和创新人才。

2018年，有14名青年人才成为引进工程院级入选者，22名青年人才成为引进工程所级入选者。

高层次人才柔性引进

为进一步拓宽人才引进渠道，实行更积极、更开放、更有效的人才引进政策，坚持不为所有但为所用的原则，吸引和凝聚更多的国内外高层次农业科技人才，为现代农业发展服务，2018年，出台了《中国农业科学院高层次人才柔性引进管理暂行办法》，对于柔性引进人才，在项目申报、科研条件、人员配备等方面给予支持。2018年，柔性引进了115名高层次人才。

博士后工作

中国农业科学院博士后科研流动站设立于1991年，现有涉及理学、工学、农学和管理学四大学科领域，包括兽医学、畜牧学、作物学、植物保护、农林经济管理、农业资源与环境、生物学、园艺学、草学、农业工程10个博士后流动站，累计招收博士后1607人次，包括135名留学回国人员和56名外籍人员。2018年，招收博士后140人，在站博士后495人，其中外籍8人。

智库建设

建立战略研究常态化机制，打造农业科技高端智库品牌，加快农业科技高端智库建设

为提升我院农业智库决策咨询能力，培育一支稳定的战略研究队伍，我院围绕农业农村发展重大战略问题和“两个一流”建设重大机制创新，凝练部署了一批战略研究选题，通过创新战略研究成果发布形式，形成常态化农业产业及科技发展战略研究成果推送机制，产出了一批系统性、引领性、政策性、前瞻性和开放性的农业战略研究成果和农业智库成果，为我院“两个一流”建设和新时代乡村振兴战略实施提供了有力的决策参考。

召开2018中国农业农村科技发展高峰论坛

9月20日，我院和相关单位共同主办了首届“中国农业农村科技发展高峰论坛”，发布了《中国农业农村科技发展报告（2012-2017）》《2017全球农业研究前沿分析解读》《2017中国农业科学重大进展》《2017中国农业农村新技术、新产品和新装备》《2017全球农业科技论文与专利竞争力分析》等专题报告。系统总结了过去五年我国农业农村科技进展与成效，分析了新时代新形势我国农业科技面临的新任务新挑战，在研究借鉴世界农业科技发展前沿和趋势的基础上，谋划提出了新时代我国农业农村科技事业发展战略和重点，打造了中国农业科技智库成果发布与交流对话的高端平台，对进一步凝聚共识、汇聚力量，实施创新驱动发展战略和乡村振兴战略，推动农业绿色发展和高质量发展具有积极意义。

首次发布《中国农业产业发展报告》

6月26日，我院和国际食物政策研究所在京联合发布《中国农业产业发展报告2018》与《2018全球粮食政策报告》，评估了农业政策变化和外界冲击对中国农业产业发展的影响，重点关注了17个具体农产品2020年和2035年产业发展形势，对中国农业产业发展重大进展、全球食物和营养安全，未来机遇与挑战进行了深入探讨。

《中国农业产业发展报告2018》系我院首次发布，是对中国农业产业发展研究的一次有益尝试，作为中国农业产业发展形势预判体系建设的重要成果，将对推进乡村振兴战略实施以及深化农业供给侧结构性改革发挥重要作用。

召开2018中国农业展望大会

4月20日，我院农业信息研究所主办了2018中国农业展望大会，发布了《中国农业展望报告（2018-2027）》，对未来10年中国主要农产品市场供需形势进行了预测和展望，针对18个品种的未来10年走势进行了专题发布，并围绕乡村振兴、国际贸易、农业大数据与监测预警等主题举行高层专家研讨。

2014年以来，中国每年召开中国农业展望大会并发布未来10年中国农业展望报告，已成为国内外市场主体和有关方面调整农产品市场预期的重要依据。

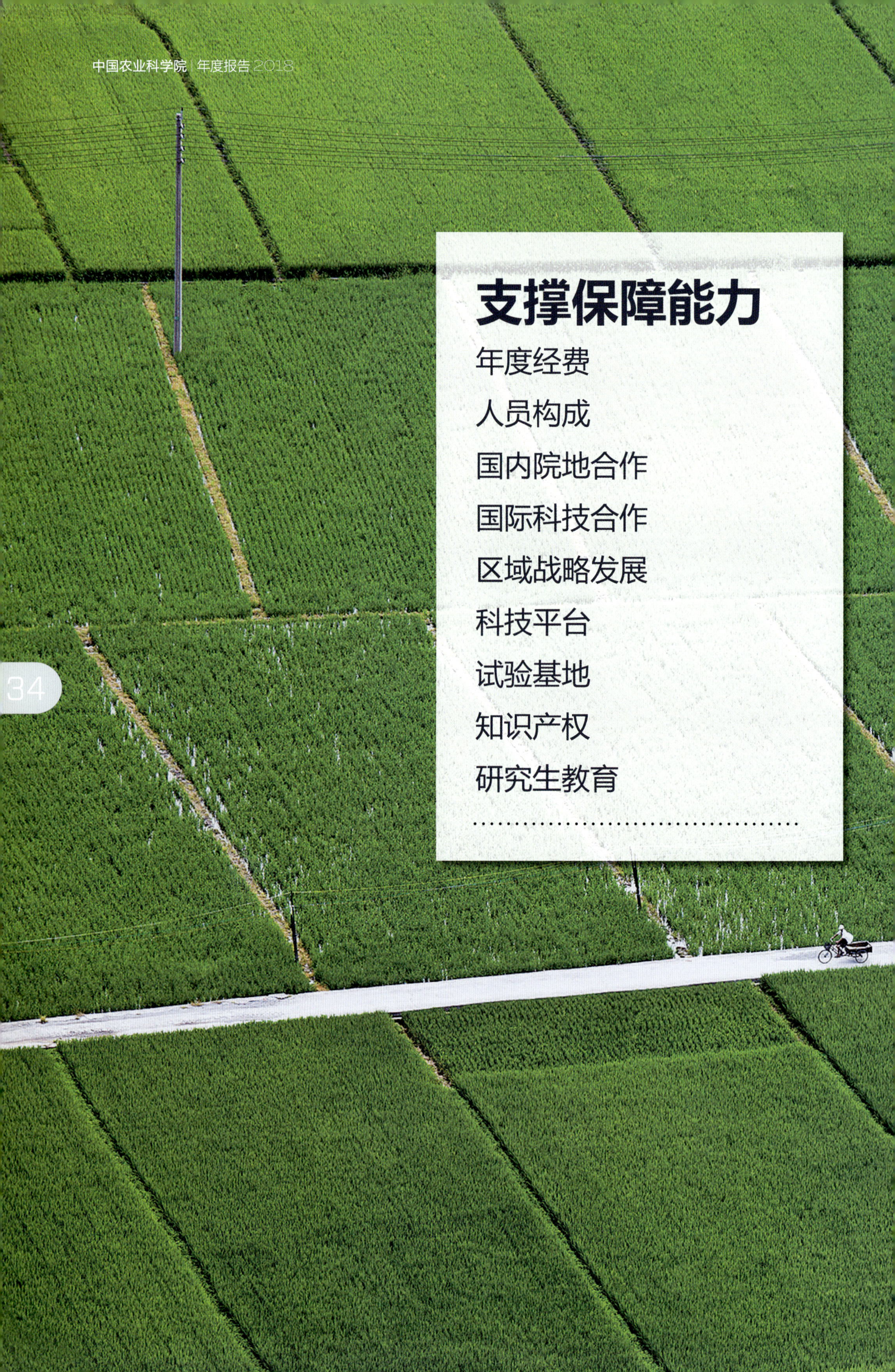

支撑保障能力

年度经费

全年新申请16个基建项目立项，争取国家投资超过3.5亿元；全年累计完成国家投资2.21亿元，结余结转2.59亿元，完成项目验收21个，建成科研及辅助用房5.2万米²，新增科研用地约186公顷。

人员构成

截至2018年年底，
我院共有从业人员
10821人。
其中正式在编职工6920人，
编外聘用人员3901人

工勤技能人员875人，占12.64%

专业技术人员5921人，（含双肩挑人员1453人）占85.56%

管理人员1577人，占22.79%

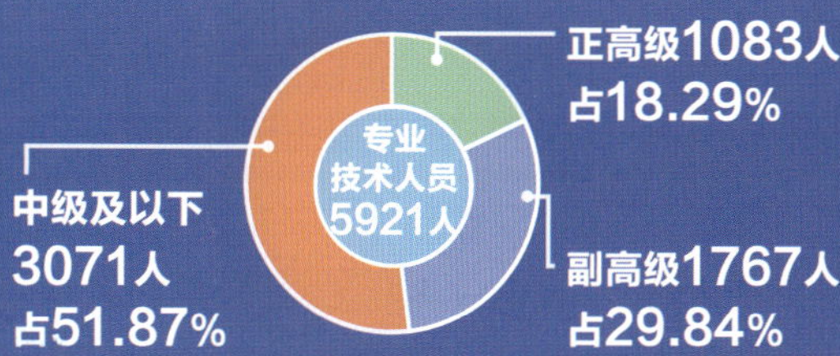

正高级1083人 占18.29%

副高级1767人 占29.84%

中级及以下 3071人 占51.87%

专业技术人员（研究生以上学历占75.83%）

博士学位2824人

硕士学位1666人

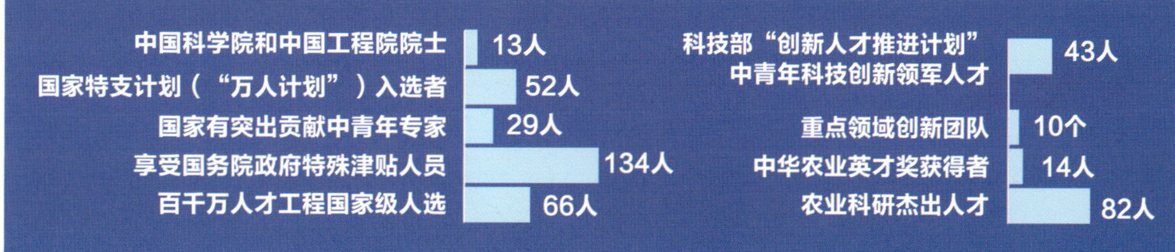

国内院地合作

面向现代农业主战场，强化院地合作工作，梳理区域发展重大技术需求，先后与山东、甘肃、黑龙江3个省份，以及浙江宁波市、内蒙古呼伦贝尔市等8个地市签署了战略合作协议，开展了一系列深入务实的合作。在湖北、河南、陕西等地建立10多个油菜示范点；开展了秸秆还田和化肥农药减施技术研究；与山东、广西、宁夏等地方示范推广鸡、鸭等家禽新品种及配套饲养新技术1.3亿羽，创造了良好的经济社会效益。

国际科技合作

2018年，我院认真贯彻落实“一带一路”倡议，国际合作成果丰硕，亮点纷呈，美誉度和国际影响力显著提升。

服务国家外交，讲好农业科技中国故事

圆满接待英国首相特蕾莎·梅、朝鲜劳动党委员长金正恩、吉尔吉斯斯坦总统热恩别科夫、马来西亚总理马哈蒂尔、索马里总统穆罕穆德、萨尔瓦多总统桑切斯6位国家元首，2位正国级外国政要以及30多位正部级官员，为国家外交工作作出积极贡献。

拓展多双边合作机制，构建全球科技创新合作体系

新签续签合作协议和备忘录16份，策划召开30多个重要国际学术会议，在原有134个国际合作平台基础上，新建25个平台，有力拓展和提升了我院国际合作渠道和层次。

继续与领先型创新国家开展农业科技合作，组织召开首届中-澳可持续农业技术论坛、首届中-法农业科学家峰会等会议，建立中法、中英、中挪、中德、中美等双边顶尖科学家定期会晤机制。

积极拓展与“一带一路”国家合作，进一步推动与东南亚、南亚、中亚国家在水稻、棉花、植物保护、动物疫病防控、人才培养等领域开展深入合作，与拉美国家在大豆、生物技术领域开展科技合作，以及开展中非农业科研机构10+10合作。

发挥牵头和引领作用，夯实国内外联动协同创新机制

积极参与CGIAR、G20、APEC等多边机制下的农业科技合作，在国际舞台发挥引领和协调作用；牵头中欧农业技术工作组工作、联合承办CABI亚太地区成员国磋商会，为“一带一路”农业科技建设提供支撑。组织召开“国际农业大科学计划宣讲研讨会”，成为探索主导国际大科学计划项目的先行示范。

推动农业科技“走出去”，分享中国农业科技成果与经验

启动实施创新工程国际合作任务——推动农业科技“走出去”协同创新与集成示范研究。牵头成立全国农业科技“走出去”联盟，凝聚多方资源，形成“走出去”合力。积极推动海外农业信息和大数据挖掘应用，海外农业研究中心开展了19个重点品种的监测，完成65个国家国别研究报告，为110余名海外农业人才提供培训，为40多家“走出去”企业提供全方位、立体式海外农业信息服务，推进高水平海外农业智库建设。

推进国际合作重点项目的组织与管理，助力提升农业科技创新能力

主持和参与科技部、农业农村部、国家自然基金委等部委及欧盟、APEC和IAEA等多双边国际合作项目，积极参与并申报南南合作基金项目。2018年，院属单位国际合作项目共计252项，经费共计2.59亿元；其中，新增国际合作项目共计194项，新增经费共计1.16亿元。

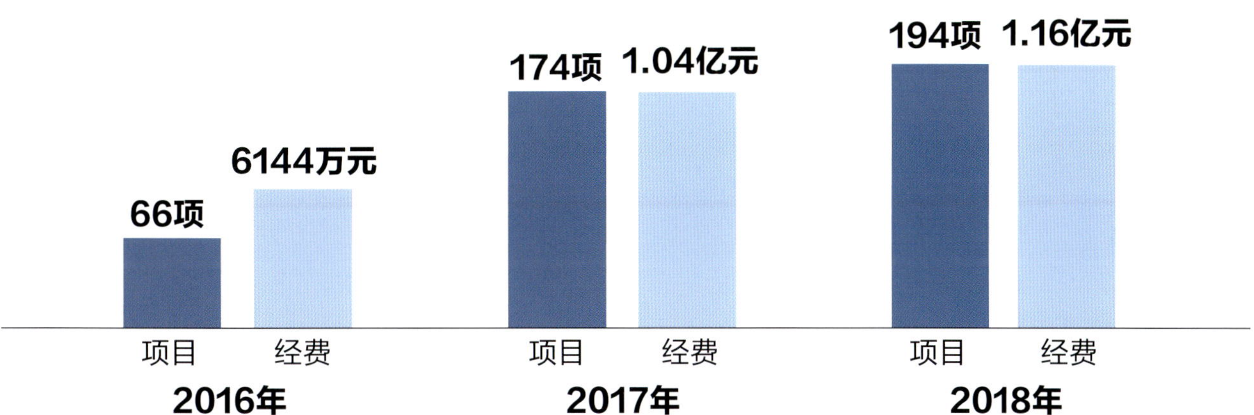

加大人才培养力度，增强国际人才队伍建设

2018年国家公派高级研究学者、访问学者、博士后项目获批45人、公派研究生项目获批40人、博士生导师短期出国交流项目1人，获批国家“千人计划”外专项目，成为农业农村部系统第一个引进外专“千人计划”专家的单位。2018年，我院共引进境外技术、管理人才项目4项，示范推广项目2项。举办援外国际培训班34个，对47个国家的1778名学员进行了专项技术培训。

区域战略发展

国家成都农业科技中心

面向我国现代农业主战场，全力打造具有世界影响力的农业科技硅谷和国家现代农业试验示范基地，致力于解决制约西南地区乃至全国农业农村可持续发展的基础性、方向性、全局性、关键性问题。一期规划建设内容包括10万米^{2}的实验室和200公顷试验用地，已申请各类资金2.92亿元，2018年6月已全面开工，预计2019年12月全面交付使用。

西部农业研究中心

“立足新疆、面向西部、辐射中亚”的新型农业科技创新与服务平台。2018年面向新疆农业产业和乡村振兴科技支撑需求，在科技服务、基本建设等方面取得了阶段性成效。共承接15个院属研究所28个创新团队在西部中心开展科研任务，试验作物包括玉米、棉花、油菜等20余类，试验面积共计约33公顷。西部中心综合服务中心建设项目于2018年12月开标，预计2019年4月开工建设。

北方水稻研究中心

面向我国现代农业主战场，对接东北大粮仓建设，由国家发展改革委批准立项的重大项目，建筑规模7028米^2，总投资8894万元。预计2019年开工建设。

科技平台

主要科学研究平台：全院建有2个国家重大科技基础设施、1个国家动物疫病防控高级别生物安全实验室；建有6个国家重点实验室、1个省部共建国家重点实验室、22个农业农村部综合性重点实验室、40个农业农村部专业性重点实验室、30个农业农村部农产品质量安全风险评估实验室、52个院级重点实验室。

主要技术创新平台：全院建有5个国家工程技术研究中心、5个国家工程实验室、2个国家工程研究中心、22个国家品种改良中心（分中心）、18个国家农业产业技术研发中心、32个院级工程技术研究中心。

主要基础支撑平台：全院建有4个国家科技基础条件平台，12个国家农作物种质资源库、13个国家农作物种质资源圃，长期保存作物品种资源50万份，居世界第二位；建有5个国家野外科学观测试验站、3个国家级产品质量监督检验中心、32个部级质量监督检验测试中心、5个国家农业检测基准实验室、7个国家参考实验室和专业实验室、2个联合国粮农组织（FAO）参考中心和7个世界动物卫生组织（OIE）参考实验室；拥有农业专业书刊馆藏亚洲第一、世界第三的国家农业图书馆。

试验基地

中国农业科学院科研试验基地网络由试验示范、观测监测、中试转化三大基地体系组成，共计118个基地，分布在除重庆、贵州、陕西、宁夏等以外的27个省（市、自治区），土地总面积约6793公顷，其中拥有产权的土地面积约2940公顷，建设用地面积约310公顷。全院基地管理相关人员1304名。

2018年，全院在试验基地共实施基本建设、修缮购置等建设项目46个，经费2.43亿元，新增建筑面积5.33万米^2，改造试验田约249公顷，购置农机具88台（件），仪器设备157台（套）。实施科研项目1702项，总经费5.59亿元。在试验基地举办现场会、观摩会712次，基地开放日508次，参加人员6.8万人次；举办技术培训班682次，培训农民和技术人员5.4万人次；推广新品种529个，推广面积约518万公顷；新技术163个，推广面积约444万公顷，畜禽11.6万头（只）；推广新产品66个，推广面积约355万公顷。

知识产权

2018年我院共有53项专利获得了中国专利奖，其中3项专利金奖、1项专利银奖、49项专利优秀奖。推动了研究所专利管理云平台软件和Innography专利信息分析软件的使用，逐步提高了一线科研人员的专利分析能力和工作成效。启动了“知识产权服务科研一线”6场系列巡回培训活动，为研究生院设计了“农业知识产权概论与实务”选修课，针对作科所、生物所、油料所等6个研究所开展了专利代理、分析、布局等工作，进一步提高了全院知识产权管理水平。

保护知识产权

53项 中国专利奖

3项 专利金奖

1项 专利银奖

49项 专利优秀奖

研究生教育

2018年，中国农业科学院研究生院实现了招生规模、培养质量和管理水平的全面提升。新增农业工程一级学科博士学位授权点、大气科学和水产2个一级学科硕士学位授权点、工程硕士和图书情报硕士2个专业学位授权点。

研究生院现有研究生导师1984人，其中中国科学院和中国工程院院士13人，博士生导师704人，专兼职教师526人。在校研究生5318人，其中博士研究生1883人，硕士研究生3435人。2018年招收研究生1713人，其中博士生569人，硕士生1144人。2018年毕业研究生1095人，其中授予博士学位223人，授予硕士学位872人，毕业生总体就业率达97.1%。

2018年，研究生院招收留学生191人(博士留学生158人、硕士留学生27人、进修生6人)，其中中国政府奖学金留学生108人，

来自“一带一路”沿线国家的留学生占61.3%。目前在校留学生523人，其中博士生470人、硕士生47人、进修生6人，涵盖41个学科专业，涉及31个研究所。生源来自亚洲、非洲、欧洲、美洲和大洋洲的57个国家，其中“一带一路”沿线国家19个，来自“一带一路”沿线国家的留学生人数占总数的71.5%。2018年毕业研究生43人，其中授予博士学位36人、硕士学位7人。一名博士留学生荣获2018年度中国政府优秀来华留学生奖学金。一名进修生获得世界粮食基金会博劳格-劳恩2018年度国际实习生计划项目“约翰·克里斯托奖”(John Crystal Award)。

2018年，研究生院中外合作办学项目在校博士生143人，涉及25个研究所、32个专业。研究生院与加拿大阿尔伯塔大学、爱尔兰国立都柏林大学成功签署博士学位教育项目合作协议，与国外其他大学和科研机构签订研究生教育合作谅解备忘录9个。

附录

中国农业科学院组织机构图

主要科技平台设置

人才荣誉与称号

中国农业科学院组织机构图

院长　党组书记

副院长、党组副书记、党组成员

院机关

院办公室　科技管理局
人事局　财务局
基本建设局　国际合作局
成果转化局　直属机关党委
监察局

后勤服务中心（局）

中国农业科学院研究生院

在京研究所

作物科学研究所
植物保护研究所
蔬菜花卉研究所
农业环境与可持续发展研究所
北京畜牧兽医研究所(中国动物卫生与流行病学中心北京分中心)
蜜蜂研究所
饲料研究所
农产品加工研究所
生物技术研究所
农业经济与发展研究所
农业资源与农业区划研究所
农业信息研究所
农业质量标准与检测技术研究所(农业农村部农产品质量标准研究中心)
农业农村部食物与营养发展研究所

中国农业科学技术出版社有限公司(中国农业科学院农业传媒与传播研究中心)

京外研究所

农田灌溉研究所（河南新乡）
中国水稻研究所（浙江杭州）
棉花研究所（河南安阳）
油料作物研究所（湖北武汉）
麻类研究所（湖南长沙）
果树研究所（辽宁兴城）
郑州果树研究所
茶叶研究所（浙江杭州）
哈尔滨兽医研究所(中国动物卫生与流行病学中心哈尔滨分中心)
兰州兽医研究所(中国动物卫生与流行病学中心兰州分中心)
兰州畜牧与兽药研究所
上海兽医研究所(中国动物卫生与流行病学中心上海分中心)
草原研究所（内蒙古呼和浩特）
特产研究所（吉林长春）
农业农村部环境保护科研监测所（天津）
农业农村部沼气科学研究所（四川成都）
农业农村部南京农业机械化研究所（江苏南京）
烟草研究所（山东青岛）
农业基因组研究所（广东深圳）
都市农业研究院（四川成都）

共建单位

柑桔研究所（重庆）
甜菜研究所（黑龙江呼兰）
蚕业研究所（江苏镇江）
农业遗产研究室（江苏南京）
水牛研究所（广西南宁）
草原生态研究所（甘肃兰州）
家禽研究所（江苏扬州）
甘薯研究所（江苏徐州）
长春兽医研究所
深圳生物育种创新研究院

主要科技平台设置

国家重大科学工程

序号	平台名称	研究方向	依托单位
1	农作物基因资源与基因改良国家重大科学工程	新基因发掘与种质创新、作物分子育种、作物功能基因组学、作物蛋白组学、作物生物信息学	作物科学研究所 生物技术研究所
2	国家农业生物安全科学中心	重大农林病虫害、外来入侵生物、农林转基因生物安全	植物保护研究所

国家重点实验室

序号	实验室名称	研究方向	依托单位
1	植物病虫害生物学国家重点实验室	植物病害成灾机理、监测预警与综合治理、植物虫害成灾机理、监测预警与综合治理、生物入侵机制与防控、植保生物功能基因组与基因安全	植物保护研究所
2	动物营养学国家重点实验室	营养需要与代谢调控、饲料安全与生物学效价评定、营养与环境、营养与免疫、分子营养	北京畜牧兽医研究所
3	水稻生物学国家重点实验室	水稻种质改良与创新遗传学、水稻发育生物学、水稻环境生物学和分子育种	中国水稻研究所
4	兽医生物技术国家重点实验室	畜禽传染病的分子生物学基础、致病及免疫机制以及预防、诊断或治疗用细胞工程和基因工程制剂	哈尔滨兽医研究所
5	家畜疫病病原生物学国家重点实验室	动物和主要人畜共患病的病原功能基因组学、感染与致病机理、病原生态学、免疫机理、疫病预警和防治技术基础	兰州兽医研究所
6	棉花生物学国家重点实验室	棉花基因组学及遗传多样性研究、棉花品质生物学及功能基因研究、棉花产量生物学及遗传改良研究、棉花抗逆生物学及环境调控研究	棉花研究所

国际参考实验室

序号	实验室名称	研究方向	依托单位
1	FAO动物流感参考中心	跨境动物疫病、人畜共患病防控	哈尔滨兽医研究所
2	FAO沼气技术研究培训参考中心	沼气相关领域的政策研究和技术支撑	农业农村部 沼气科学研究所
3	OIE马传染性贫血参考实验室	以马传贫等为主的马的重要传染病病原学与致病机理及诊断、防控技术研究；同时开展以马传贫为模型的慢病毒免疫机制研究	哈尔滨兽医研究所
4	OIE马流感参考实验室	马流感的诊断、流行病学、病原学研究以及诊断试剂和防控疫苗的研发	哈尔滨兽医研究所
5	OIE口蹄疫参考实验室	口蹄疫诊断；生态学、分子流行病学、免疫学研究；防控技术及产品研究	兰州兽医研究所
6	OIE羊泰勒虫病参考实验室	羊泰勒虫病病原鉴定、流行病学、诊断技术和防控策略研究	兰州兽医研究所
7	OIE禽传染性法氏囊病参考实验室	禽免疫抑制	哈尔滨兽医研究所
8	OIE禽流感参考实验室	高致病性禽流感诊断、流行病学监测、致病机理和防控技术	哈尔滨兽医研究所
9	OIE人兽共患病亚太协作中心	动物疫病防控	哈尔滨兽医研究所

高级别生物安全实验室

序号	实验室名称	研究方向	依托单位
1	国家动物疫病防控高级别生物安全实验室	满足国家生物安全战略和国家公共卫生防控需求，开展重大人兽共患病与烈性外来病相关基础研究和应用研究	哈尔滨兽医研究所

人才荣誉与称号

“万人计划”领军人才

单 位	姓 名
作科所	刘 斌
作科所	李文学
植保所	宋福平
植保所	周忠实
蜜蜂所	吴黎明
饲料所	姚 斌
饲料所	罗会颖
加工所	张春晖
加工所	张德权
资划所	辛晓平
资划所	张瑞福
资划所	周 卫
油料所	华 玮
油料所	黄凤洪
哈兽所	李呈军
兰兽医	郑海学
兰兽医	郭慧琛
上兽所	李泽君
上兽所	程国锋
基因组所	李盛本

“万人计划”青年拔尖人才

单位	姓名
作科所	贾冠清
植保所	高 利
蔬菜所	程 锋
油料所	郑明明

农业农村部中华农业英才奖

单位	姓名
牧医所	文 杰
植保所	周雪平
油料所	李培武

科技部“创新人才推进计划”中青年领军人才

单位	姓名
资划所	张文菊
植保所	李云河
哈兽所	高玉龙
蔬菜所	张忠华
水稻所	曾大力
油料所	邓乾春

科技部“创新人才推进计划”创新团队首席

单位	姓名
牧医所	赵桂苹

第十五届中国青年科技奖

单位	姓名
作科所	林启冰
蔬菜所	程 锋

优秀青年基金项目获得者

单位	姓名
植保所	宁约瑟
基因组所	阮 珏

何梁何利基金科学与技术进步奖

单位	姓名
基因组所	黄三文

农业农村部杰出青年农业科学家

单位	姓名
植保所	宁约瑟
油料所	郑明明
水稻所	王克剑
牧医所	赵圣国
兰兽医	朱紫祥
基因组所	阮 珏
环发所	张西美